零基础入门 一本书读懂中国茶

中国茶

品鉴 | 购买 | 贮藏

陈书谦 主编
高级评茶师、
中国国际茶文化
研究会常务理事

全新
升级版

吉林科学技术出版社

图书在版编目（CIP）数据

中国茶品鉴·购买·贮藏 : 全新升级版 / 陈书谦主编 . -- 长春 : 吉林科学技术出版社 , 2023.6
ISBN 978-7-5744-0408-3

Ⅰ . ①中… Ⅱ . ①陈… Ⅲ . ①茶叶 – 基本知识 – 中国
Ⅳ . ① TS272.5

中国国家版本馆 CIP 数据核字（2023）第 095739 号

中国茶品鉴·购买·贮藏 全新升级版

ZHONGGUOCHA PINJIAN·GOUMAI·ZHUCANG　QUANXIN SHENGJI BAN

主　　编　陈书谦
全案策划　悦然生活
出 版 人　宛　霞
责任编辑　郭　廓
封面设计　杨　丹
幅面尺寸　167 mm×235 mm
字　　数　320千字
印　　张　18
印　　数　1-6 000册
版　　次　2023年7月第1版
印　　次　2023年7月第1次印刷
出　　版　吉林科学技术出版社
发　　行　吉林科学技术出版社
地　　址　长春市福祉大路5788号出版集团A座
邮　　编　130118
发行部电话/传真　0431-81629529　81629530　81629531
　　　　　　　　　　81629532　81629533　81629534
储运部电话　0431-86059116
编辑部电话　0431-81629518
印　　刷　吉林省吉广国际广告股份有限公司
书　　号　ISBN 978-7-5744-0408-3
定　　价　59.00元
如有印装质量问题 可寄出版社调换

前言

<big>茶</big>是中华民族的举国之饮，发于神农，闻于鲁周公，兴于唐代，盛于宋代，一直保持着与中国人的缘分。"书画琴棋诗酒花，当年件件不离它。而今七事都更变，柴米油盐酱醋茶。"茶本应与"书画琴棋诗酒花"位居同列，品茶属于高雅的生活方式，而今却走下神坛，和柴米油盐放在一起，成为寻常百姓家中的常备之物。

"茶"字拆开就是"人在草木间"。上有草，下有木，人在草木间，得以吸收天地之精华。无论在繁忙的办公室，还是独自宅在家里，即便窗外满是冷冰冰的水泥建筑，或是立交桥上喧嚣的车水马龙，只要手执一盏茶，人就仿佛一下子走进远古山林，感受到清风徐徐吹来，涤荡尘心。有茶的日子便是绝美的时光。

夜幕低垂、夜静无声之时，泡一杯清茶，躺在沙发上，嗅余香袅袅，任凭茶香拥抱夜的沉寂。一品香茗，温润了呼吸，舒缓了疲惫，振奋了精神，惬意了时光，缠绻了情丝，涤荡了灵魂，任凭思绪神游。

茶一定要喝昂贵的吗？《菜根谭》说"茶不求精而壶亦不燥"，喝茶不求非得是昂贵的名茶，只要壶里一直不断茶水即可。如同弹奏一支曲子，不一定要完美无缺，毕竟不可能人人都成为技艺非凡的乐工，只求自适，不求悦人。

每个人都可成为一杯耐人品味的茶。只要泡的人开心、喝的人欣喜，便是完美地相融，仿佛心与心之间的涟漪碰撞，不管初心为何，终是每个人都浸出了自己的味道。

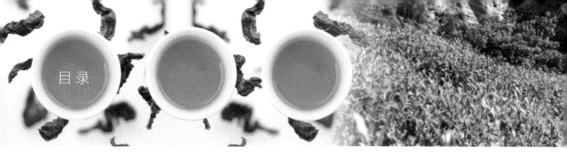

第一章

慧眼轻松养
选购优质茶

第二章

存放有讲究
收藏成古董

第四章

好水美器，泡好茶享受健康生活

第五章

品茗茶香，鉴赏各具特色的中国茶

绪 言 —— 好山好水育名茶

武夷山上的武夷岩茶

　　集天地之精华的武夷山，是世界乌龙茶和红茶的发源地，著名的武夷岩茶也产于这里。武夷山位于福建省武夷山市东南部，方圆 60 千米，有 36 峰、99 名岩，岩岩有茶，茶以岩名，岩以茶显，故名岩茶。

　　武夷岩茶有大红袍、铁罗汉、白鸡冠和水金龟"四大名丛"，其中大红袍被誉为"岩茶之王"，更有"茶中状元"的美誉。

　　武夷山的地域、海拔、气候、土壤造就了武夷岩茶独特的"地韵味"，也被称为"岩韵"，这是其他地方取代不了的。有人说，正宗的武夷岩茶都能品出"岩骨花香"之韵，这种说法不仅道出了它与武夷山自然环境间的深厚渊源，也精彩地描绘了它的香气与神韵。其实，武夷岩茶可以从"岩骨"与"花香"这两部分来说。

　　"岩骨"，主要指岩茶汤中所含有的"丹山"岩石中的不同营养物质、不同成分岩土里的生物、矿物质的滋味。这种滋味，给人的感觉特别浓重，用三个字表述就是"厚、重、沉"。茶味厚而有岩骨则韵显，岩石味都是"丹霞岩土"韵味的表现，也就是"岩韵"的"源"味。那股吸天地之精华而散发出的岩韵，长年沉浸其中，可使茶客咀嚼茶汤里的"骨头"，越嚼越有味道。

　　"花香"，并非狭义上的花香表象，它泛指武夷岩茶汤中透出的类似花卉、果类、草本植物的味香。花香整体滋味体感是丰富而多样的，武夷岩茶里有花香、果香、乳香、板糖香、草本植物之味香。除自身先天具备的体香外，茶汤还要求"甘甜、润滑、鲜爽"。

　　如果要问武夷岩茶最好的山场在哪儿，那就是名岩区的三坑两涧——慧苑坑、牛栏坑、大坑口、流香涧、悟源涧，这其中，又以大红袍至水帘洞一带包括天心岩的正岩茶为上品。所以，如果要问在哪儿可以买到品质上佳的武夷山正岩茶，那答案一定是天心岩茶村。天心岩茶村的茶产量占整个岩茶产量的 60%，这里是岩茶的核心产区，也是岩茶品质最好的地方。

走进赫赫有名的龙井村

　　因深藏于西湖风景名胜区，又盛产顶级西湖龙井，龙井村成了一个传说。龙井村位于西湖风景名胜区的西南面，有 800 多亩高山茶园。老龙井、胡公庙、九溪十八涧、御茶园等景点散布在村内，为茶乡增添了浓郁的文化气息。

　　西湖深处的龙井村，藏着许多故事，而最为人们津津乐道的，就是狮峰山下、胡公庙前的"十八棵御茶"。史载风流天子乾隆曾六下江南，四到龙井茶区，登上老龙井品茶，饮后赞不绝口，称"色、香、味、形俱佳"，便御封了"十八棵茶树"。自此，龙井茶声名远扬，也造就了赫赫有名的龙井村。

龙井村以盛产顶级西湖龙井
茶而闻名天下

安溪西坪镇：
铁观音的发源地

　　世界茶叶看中国，中国茶叶看福建，而让安溪扬名天下的名茶铁观音，发源地就在西坪镇。所以说，到安溪不到西坪镇，就等于拜观音没到普陀山。在西坪镇，有证可考的"王说""魏说"母树，至今仍被神圣地供奉着，这里的"南轩""代天府"寄托着一代代茶人对美好生活的追求与梦想。

　　一进入西坪镇，就可以看到漫山遍野都是茶树。西坪这个"坪"是坡地的意思，坡地很适合种茶树。由于西坪特殊的地理优势，水的内含物很浓、很足，品茶术语叫作水很重，水的厚重，再加上制作时注重摇青，所以茶质非常稳定。西坪镇生产的铁观音，以汤浓、韵明、微香而著称。所谓汤浓，就是汤色金黄明亮，味道醇厚；韵明是指滋味有明显的"观音韵"，入喉清爽；微香是说跟其他产区相比，西坪铁观音茶的香气更为悠然。

　　除了西坪镇，安溪县的虎邱、祥华、感德、蓝田、大坪、长坑、剑斗等乡镇都有铁观音的生产基地。

福州：世界茉莉花茶发源地

福州是世界茉莉花茶的发源地，国际茶叶委员会先后授予福州"世界茉莉花茶发源地"和福州茉莉花茶"世界名茶"的称号。福州茉莉花茶已拥有国家地理标志证明商标、国家地理标志产品保护、国家农产品地理标志等称号。

"好一朵美丽的茉莉花，芬芳美丽满枝丫，又白又香人人夸。"《茉莉花》这首经典的苏北民歌，表达了国人对茉莉花的喜爱。作为福州的市花，茉莉花在福州已经开放了2000多年。福州位于福建省母亲河闽江的下游，是世界茉莉花露天栽培的最北源，气候条件最适合茉莉花的生长与发育，福州种单瓣茉莉花具有独有的清爽、鲜灵、纯净。千年传承的种植技艺及独特的窨制工艺，造就了福州茉莉花茶鲜灵馥郁的香气和鲜爽醇和的滋味，融茶味、花香于一体，具有独特的"福州味"。北京人常喝的"京味"茉莉花茶其实就是"福州味"。

但不是所有在福州售卖的茉莉花茶，都可以称为"福州茉莉花茶"。真正的"福州茉莉花茶"，必须是在福州出产的茉莉花茶，按照福州传统工艺窨制而成，因为这里的土壤、气候和制作工艺都是独特的，品质与其他产地是有区别的，可谓"窨得茉莉无上味，列作人间第一香"。

云南三座古老的茶山

大雪山正山古树茶

大雪山雄踞于云南临沧地区双江县勐库镇西北。若论普洱茶，必言大叶种，"勐库大叶茶，品种称英豪"。勐库镇是云南大叶种茶的发源地，大雪山就是孕育勐库大叶茶的摇篮。在大雪山中上部海拔 2200～2750 米的原始森林中，分布着目前已发现的海拔最高、密度最大的野生古茶树群落，大部分树龄在千年以上。

大雪山正山古茶及正山古树春茶饼，均选用勐库大雪山野生古茶制成，外观油润，呈深墨绿色，无毫，闻之有浓郁的山野夜来香的香气，茶性劲足霸道，不宜多饮，特别适宜长期收藏储存。

布朗山正山古树茶

布朗山位处西双版纳勐海县境内，与缅甸接壤，是著名的普洱茶产区，也是世界古茶园保留得最多的地区之一。布朗山乡包括班章、老曼峨、曼新龙等村寨，布朗族世世代代生活在这里，是世界上最早栽培、制作和饮用茶叶的民族。布朗山最著名的是老班章茶，其产地位处布朗山深处，地处偏远，交通不便。老班章茶，滋味厚重、浓烈、霸道，初饮如伟岸的汉子，风骨刚健，气势雄浑，回味则有刚中有柔、强中有媚的风情，故被誉为普洱茶的王中之王，也是最优质的普洱茶原料。老班章正山古树春茶饼，白毫显著，叶芽肥壮，是绝佳的收藏品，因产量极低而一饼难求。

攸乐山正山古树茶

攸乐山现名基诺山，历来被列为古六大茶山之首，主要聚居着基诺族人。攸乐山古茶园毁坏严重，在世不多，采摘到的原料很有限。攸乐山老树茶的特征是：条索黑亮，比易武古树茶要紧结，苦涩味比易武古树茶要浓重，回甘较好，汤质较滑厚，有山野气韵。

蒙顶山：最早人工种植茶叶的地方

蒙顶山，古称蒙山，位于四川省雅安市境内。山上五峰环列，状若莲花。最高峰上清峰，海拔1456米。山势巍峨，峰峦挺秀，绝壑飞瀑，重云积雾。古人说这里"仰则天风高畅，万象萧瑟；俯则羌水环流，众山罗绕；茶畦杉径，异石奇花，足称名胜"。

蒙顶山因"雨雾蒙沫"而得名，全年降水量达2000毫米。传说当年女娲炼石补天，到了这里元气耗尽，身融大地，手化五峰，留一漏斗，甘露常沥。故有"西蜀漏天，中心蒙山"之说。

蒙顶山产茶历史悠久。唐代杨晔《膳夫经手录》说："蜀茶，得名蒙顶也。元和以前，束帛不能易一斤先春蒙顶。是以蒙顶前后之人，竞栽茶以规厚利……"可见"蒙顶茶"名气之大。《图经》还说"蒙顶有茶，受阳气之全，故茶芳香"，所以名冠天下。

著名茶学家陈椽主编的《茶业通史》是世界茶史的扛鼎之作，书中记载："蒙山植茶为我国最早的文字纪要。该山原任僧正祖崇于雍正六年（1728）立碑记其植茶史略，石碑至今尚在，是我国植茶最早的证据。"陈椽教授研究认为："我国最早的茶事记载都在四川"；"关于四川茶树栽培历史，《四川通志》说：名山之西十五里有蒙山……西汉甘露祖师姓吴名理真，手植茶树7株于山顶，树高1尺上下，不枯不长，称曰'仙茶'"。说明早在西汉甘露年间（公元前53～前50年），吴理真就在这里种植茶叶，以后宋、元、明、清历代多有文献记载。

所以，吴理真是世界上有文字记载的最早的人工种植茶树的人，被后人尊为"植茶始祖"。

蒙顶山不仅开了人工植茶的先河，贡茶也盛极一时。"扬子江心水，蒙山顶上茶"家喻户晓，所以，蒙顶山是世界茶文明发祥地，世界茶文化发源地，世界茶文化的圣山。

齐头山上产最好的六安瓜片

　　齐头山，又叫齐云山，一般简称为齐山，位于金寨县麻埠镇，是六安瓜片的原产地。

　　齐头山属大别山支脉，位于大别山区的西北边缘，海拔804米，常年雾气缭绕、云烟氤氲。山头为平顶，开阔平坦，山上有七十二洞，以雷公洞、蝙蝠洞较为著名。

　　相传，六安瓜片就是由神茶繁衍而来的。有一年春天，一群妇女结伴上齐头山采茶。其中一人在蝙蝠洞附近发现了一株大茶树，枝叶茂密，新叶肥壮。她动手就采，神奇的是茶芽边采边发，越采越多，直到天黑还是新芽满树。次日她又攀藤而至，但茶树已然不见，于是"神茶"的美谈就传开了。

　　所以，要寻六安瓜片，就必须进蝙蝠洞，因为此处所产的瓜片乃"神茶"，究其原因，乃是蝙蝠洞的周围常年有成千上万的蝙蝠云集在这里，蝙蝠的生息使这里的土壤富含磷质，有利于茶树生长。此处之茶，不仅是良好的饮品，而且宜于药用，最能养生。

　　齐头山周围山场所产的茶是瓜片中的极品，又称"齐山名片"。齐山名片采用传统手工艺制作，经精选掰片、炒生锅、炒熟锅、拉毛火、拉小火、拉老火等十多道工序精制而成。其形似瓜子、色泽宝绿、带霜有润、香气浓郁、滋味甘醇、回味悠长。沏此茶时雾气蒸腾，清香四溢，所以也有"齐山云雾瓜片"之称，大诗人李白就有"扬子江中水，齐山顶上茶"之赞语。

六安瓜片单片嫩叶

"五云两潭一寨"的
信阳毛尖

　　极美的信阳山水，孕育了令国人称奇的绿茶名品——信阳毛尖。

　　如今的信阳，遍地是茶。依山傍水之间，山山种满茶树，乡乡都有茶园，其中以浉河区董家河镇的车云山、集云山、天云山、云雾山、连云山，浉河港镇的黑龙潭、白龙潭和何家寨这"五云两潭一寨"最为出名。

　　俗话说"云雾山中出好茶"，信阳毛尖的正宗产地"五云两潭一寨"，海拔都在 300～800 米，云多且昼夜温差大，这使茶叶富含有机质，茶叶味又香又浓。雾浓，空气湿润，使芽叶细嫩，粗纤维少；培植茶树的土壤多为植物腐土，有机质丰富，土质偏酸性，有利于茶树生长；空气好，水少污染，这使得茶叶质量纯正，没有杂味。

　　信阳毛尖是炒、烘结合，精工细作的绿茶，正品外形细直圆光多毫，入水即沉。老百姓称之为"三绿三鲜"：干茶翠绿、汤色嫩绿、叶底碧绿，汤色鲜亮、香气鲜嫩、滋味鲜爽。

庐山上的云雾茶

"高山云雾出好茶"，凡是有山的地方大多都产好茶。江西庐山北临长江，东毗鄱阳湖，平地拔起，峡谷深幽。由于附近江湖水汽蒸腾而形成云雾，常见云雾缭绕，特别是春夏之交，大雾弥漫，年雾日达 195 天之多，茶树萌芽期正值雾日最多之时，这造就了庐山云雾茶独有的品质。

庐山现有茶树 5000 余亩，分布在整个庐山的汉阳峰、五老峰、小天池、大天池、含鄱口、花径、天桥、修静庵、中安、捉马岭、海会寺、帅家、化城山、青山通远、八仙庵、马尾水、高垄、威家、连花龙门沟、塞阳、碧云庵等地。其中，五老峰与汉阳峰之间，因终日云雾不散，茶叶品质最好。不同产区的茶又有不同的香味，极品的带兰茶香味，在庐山五老峰茶场产的带板栗香味，若是植物园附近产的，那香气就又不一样了。

正品庐山云雾茶叶厚毫多，醇甘耐泡，含单宁、芳香油类和维生素较多，不仅味道浓郁清香、怡神解泻，而且可以帮助消化、杀菌解毒。其汤色清绿带黄，这是因为庐山云雾茶、芽茶黄酮含量较高，叶再大一点的，汤色则呈淡绿色。

庐山山好、水好、茶也香，若用庐山的山泉沏茶焙茗，其滋味更加香醇可口。

云海茫茫的庐山所产的云雾茶名副其实。

独领风骚的安化黑茶

安化黑茶产于益阳市安化县，取海拔1622米高湖南雪峰山脉的优质茶种为原料，经过独特的工序加工而成。这种茶具有叶色油黑、汤色橙红或橙黄、茶味醇和、香气纯正等特色，口感独特。

安化黑茶曾是"古丝绸之路上的神秘之茶"，是我国西北少数民族的"生命之饮"，"宁可三日无粮，不可一日无茶"。安化黑茶包括"三砖、三尖、一花卷"，分别是黑砖、花砖、茯砖，天尖、贡尖、生尖以及花卷茶（即千两茶、百两茶）。

安化黑茶最初产于资江边上的苞芷园，后转至资江沿岸的雅雀坪、黄沙坪、西州、江南、小淹等地，以江南为集中地，品质则以高家溪和马家溪所产的最为著名。高家溪、马家溪自然环境优越，是安化当地最好的黑茶原料产地。

安化黑茶的保健价值很高，具有消食去腻、祛脂减肥、清肠胃、降血糖、降血脂、抗血栓、暖胃祛寒等多种保健功能。黑茶中的茶多酚、茶氨酸、独特的益生菌等能从深层消除人体内的肝肾毒素，能减肥瘦身；纤维素能增加肠胃蠕动，有效排出宿便。

安化黑茶还具有很好的收藏价值。黑茶藏家们对安化黑茶的收藏前景普遍看好，原因有三：第一，安化黑茶具有"越陈越香"的特性。安化黑茶属后发酵茶，在一定期限内，采用正确的储存办法越陈越好。第二，安化黑茶具有稀缺性。安化目前的茶园面积只有10多万亩，资源很有限。第三，安化黑茶具有很好的保健功效。科学和实践已经证明，安化黑茶的确具有消食去腻、降三高的功效。

说到安化黑茶，不得不说"白沙溪"。白沙溪茶厂坐落在雪峰山脉东北端，傍山临水，享资水之秀美，纳山川之灵气。"白沙溪"的全称是湖南省白沙溪茶厂股份有限公司，前身是1939年组建的湖南省砖茶厂。

白沙溪黑茶之所以品质好，首要在原料。白沙溪黑茶选用云台山大叶茶种为原料，云台山区方圆百里无污染企业，生态环境良好。这里常年云雾缭绕、土地肥沃、溪流纵横、翠华葳蕤，是中国著名的原生态云台山野生大叶茶的发源地。

千两茶再现辉煌

洞庭山上的碧螺春

探碧螺春自然少不了探太湖。因为碧螺春就种植在太湖洞庭东、西山果园之中，得天独厚的生态环境孕育了其超凡脱俗的高雅品质，被誉为"茶中仙子"和"天下第一茶"。

从地理位置看，洞庭山位于烟波浩渺的太湖之滨，洞庭分东、西两山，洞庭东山宛如一巨舟伸进太湖的半岛，洞庭西山则是一个屹立在湖中的岛屿。

太湖洞庭山，土壤肥沃，泉水长流，云雾弥漫，是"天堂中的天堂，花园里的花园"。这里气候温和，冬暖夏凉，水汽升腾，空气湿润，土壤呈微酸性或酸性，质地疏松，极益于茶树生长。很显然，太湖的存在，让这里的气候温暖湿润，而湖水的恒温作用更是可以让在气温变化多端的春季长出的新芽免遭霜冻的威胁。有了太湖的滋润，种植茶树的土壤终年湿润，即便在寒冷的冬季，茶芽也不会被冻坏。

为了造就洞庭碧螺春茶独有的天然茶香果味，这里的茶园，茶树与果树间种，几乎每一棵茶树旁边都有一棵果树。茶树和桃、李、杏、梅、柿、橘、白果、石榴、枇杷等果木交错种植，四季"花果十八熟"，茶树、果树枝丫相连，根脉相通，茶吸果香，花窨茶味，熏染着碧螺春的花香果味。

黄山上的毛峰茶

　　茶实嘉木英，其香乃天育。"名茶藏名山，名山出名茶"是亘古不变的道理。《黄山志》称："莲花庵旁就石隙养茶，多清香冷韵，袭人断腭，谓之黄山云雾茶。"传说这就是黄山毛峰的前身。

　　黄山山高谷深，溪涧遍布，雨量充沛，云雾多，四季分明，森林覆盖率高达90%，恰恰处在北纬30°神秘线上，据说这是最适宜茶树生长的纬度，这里有着最适宜茶树生长的云雾和土壤。黄山风景区境内海拔700~800米的桃花峰、紫云峰、云谷寺、松谷庵、吊桥庵、慈光阁一带为特级黄山毛峰的主产地。风景区外周的汤口、岗村、杨村、芳村也是黄山毛峰的重要产区，在历史上曾被称为黄山"四大名家"。

　　黄山毛峰的制作工艺非常讲究，"炒、揉、烘"一个都不能少，脱离了这些传统工艺，其品质就会受到很大影响。正品黄山毛峰香高、味醇、汤清、色润；特级黄山毛峰状似雀舌披银毫，汤色清澈带杏黄，香气持久似白兰，滋味醇厚回甘，冲泡时雾气绕顶，香气馥郁，芽叶竖直悬浮于汤中，徐徐下沉，芽挺叶嫩，多次冲泡仍有余香。

　　黄山不仅茶叶好，泉水也好，用黄山泉水冲泡黄山茶，即使经过一夜，第二天茶碗上也不会留下茶渍。

　　得天独厚的生态环境成就了黄山毛峰优异的内在品质。有茶联云"凝成黄山云雾质，飘出九华晨露香"。品完黄山毛峰能感觉胸生云雾，飘飘欲仙。

第一章

探寻前世今生，认识中国茶

茶成一饮的渊源

茶，源于中国，中国是茶的故乡，是世界上最早发现与利用茶的国家。茶的历史渊源颇古，最早可追溯到五千年前的神农时代。

神农氏尝百草遇茶

茶圣陆羽在《茶经》中有"茶之为饮，发乎神农氏，闻于鲁周公"的记载。因此，神农一直被奉为历史上第一个品尝到茶水味道的人，也是第一个发现茶树的人。

关于茶的发现，我国第一部药物学专著《神农本草经》中有这样的记载："神农尝百草，日遇七十二毒，得荼（即茶）而解之。"

神农氏，又称炎帝，他为中华民族的发展做出了重大的贡献，其中最为重要的一项就是为给百姓治病，寻找良药遍尝百草，并教导人们哪些植物可以吃、哪些植物不可以吃。神农氏在尝百草的过程中难免会遇到有毒的植物，《淮南子·修务训》记载："当此之时，一日而遇七十毒。"所幸的是，神农氏还遇到了一种能够解毒的植物，这种植物就是茶。

　　据说有一次，神农在品尝百草的时候中了毒，口干舌麻、全身乏力，晕倒在山脚下。不知过了多久，神农醒来时，发现身边有一棵小树，树叶翠绿并带有淡淡的清香，神农信手采下一片放入口中咀嚼起来。虽然味道有些苦涩，但顿觉舌根生津、神清气爽，他连吃了几片，几小时后，身上的毒竟然解了。

　　神农采摘了很多绿叶带回去。通过多次煎服，神农发现了汤汁有生津、解渴、利尿等很多功效。从此，茶正式登上了人类社会的舞台。

　　关于茶，不仅有很多关于神农氏的文献记载，还残存有很多实物遗迹。湖北省西部的神农架，因神农氏曾在此架木为梯，采尝树叶而得名，这是一片广袤的原始森林区，生息着数量众多的珍稀野生动植物，并且盛产药材，其中就包括茶叶。这样的自然生态环境，与神农氏尝百草，遇毒得茶而解的传说是非常吻合的。此外，在湖南省东南部的炎陵县，还存有神农墓和神农庙，而炎陵古时又属于茶陵县，且茶陵之得名亦与神农氏采茶事迹有关，由此可见茶与神农氏联系之密切。

栽时不畏云和雾，长时不怕风雨来。
茶树本是神农栽，朵朵白花叶间开。
嫩叶做茶解百毒，每家每户都喜爱。
　　　　　　　　——对神农崇敬和思念的歌谣

"茶"字的由来和历史演变

● "茶"字的传说

　　"茶"字的读音，说来还有这样一个小故事。据说神农生来就有一个像水晶一样透明的肚子，任何东西吃进肚子中都能看得一清二楚。神农在咀嚼信手采来的树叶时，看到叶子的汁液在他的肚子中像巡逻兵一样上下游走，查来查去，将肠胃清洗得干干净净，因此神农形象地将其称为"查"，后来慢慢演变为"茶"字。

● "茶"字的历史演变

甲骨文→大篆→小篆→印篆→隶书→楷书

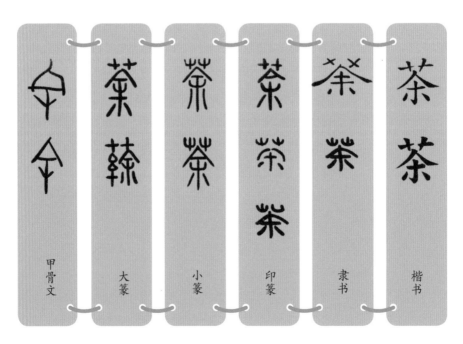

茶之故乡：中国

中国是茶树的起源地，也是茶文化的发祥地，有最悠久的茶叶种植及饮用史，世界各地茶叶的种植、采制等技术都是直接或间接从中国传过去的。

茶源自何处

中国是世界上最早种茶、制茶和利用茶的国家，但关于茶树的具体起源地却争议颇多。目前，学者们通过对史料的研究和对野生大茶树的考察，认定中国西南地区（包括云南、贵州、四川）为世界茶树的原产地。

客来敬茶是中国的传统

俗话说："开门七件事：柴米油盐酱醋茶。"茶自被大众熟知开始就成为人们生活的必需品，客来敬茶、以茶待客、以茶会友的习俗也逐渐形成，并一直延续下来。

如今的茶艺馆，为以茶会友创造了良好的氛围，朋友见面与聚会，一杯清茶堪比千言万语。如果是在工作单位或家中接待客人，洁净而富于艺术性的茶具、清新淡雅的茶香以及整洁舒适的环境，都能使客人精神舒畅。

历史延续至今，中国各民族饮茶习俗虽有所不同，但客来敬茶、以茶待客的精神是一致的。比如驰名中外的白族三道茶，就是云南白族招待贵宾的一种特有的饮茶方式，当地人称它为"绍道兆"，其独特的"头苦、二甜、三回味"的茶道，早在明代时就已成为白族人家待客交友的一种礼仪。此外，还有藏族的酥油茶、蒙古族的咸奶茶等。

饮茶风尚的传播

中国人最早发现并利用了茶这种植物，随后将其不断向外传播，并由此形成了影响世界的茶文化。

中国范围内的传播

千百年来，茶在神州大地的各个角落生根发芽，香飘万里。茶叶在国内的不断传播大致经历了一条从西向东再向南的路线。

始于巴蜀

顾炎武《日知录》中记载："自秦人取蜀而后，始有饮茗之事。"说明秦以后饮茶的习俗才从蜀地传向其他地区。从西汉王褒的《僮约》也可以看出，巴蜀茶叶在我国早期茶叶史上具有突出的地位。

顺江而下

秦汉时期，随着巴蜀与各地区交流的日益密切，茶亦被广泛传播。茶最先被传播至东部与南部，湖南茶陵的命名极好地证明了这一点。三国两晋时期，荆楚由于得天独厚的地理环境和坚实的经济文化基础，逐渐取代巴蜀，成为中国茶文化发展的主要区域。

继续东移

五胡乱华，西晋南渡，建康逐渐成为当时南方的政治、文化中心，这促使江东饮茶风俗与茶文化得到进一步的发展，加快了我国茶叶向东南推移的脚步。

行至江南

唐代中期以后，长江中下游茶区产量大幅提高，制茶技艺也达到顶峰，湖州紫笋和常州阳羡生产出的茶被列为贡茶。此时，长江中下游的江南地区成为我国茶叶产制中心。

由东转南

由五代及宋初年开始，全国气温骤降，使得我国南部茶叶较之北部发展更为迅速，并取代长江中下游茶区而成为宋朝制茶中心，具体表现为福建建安茶取代顾渚紫笋成为贡茶。到了宋代，茶已经遍布全国各地，宋代茶区的范围也已基本确定，且与现代茶区的范围十分接近。明清以后，茶叶的发展则主要侧重于制法及其种类上的变化。

世界范围内的传播

我国茶叶的生产和茶文化的发展对世界各国产生了巨大的影响，中外茶业贸易的不断往来，促进了世界各国人民对茶的认知，增强了茶的持久影响力。

● 茶在亚洲的传播

唐代至元代期间，日本使节和学问僧纷纷来到中国各佛教圣地修行求学。他们在回国时，不仅带去了茶的种植知识、煮泡技艺，还带去了中国的茶道精神，使茶道在日本发扬光大，并形成了具有日本民族特色和精神内涵的艺术形式——日本茶道。

公元 5 世纪南北朝时期，我国茶文化在日本发扬光大的同时开始陆续传播至东南亚邻国。越南与我国接壤，于 19 世纪开始大规模种植茶树和经营茶叶。1684 年，印度尼西亚从我国取茶籽试种。1780 年，印度通过英属东印度公司试种我国茶叶，随后大规模引种、扩种。

唐代，我国的茶叶传播至阿拉伯地区，从此正式进入阿拉伯国家。

● 茶在欧洲的传播

1606 年，荷兰东印度公司将第一批从中国购得的茶叶运至阿姆斯特丹，到 17 世纪中期一直垄断着中欧之间的茶叶贸易。此外，东印度公司还将茶叶输出到意大利、法国、德国和葡萄牙。

1618 年，茶叶作为礼物从中国运到俄国，由于路途遥远、行程缓慢，整个路程需要 16～18 个月，因此价格十分昂贵，只有贵族才能饮用。

17 世纪中期，英国开始流行饮茶。至 18 世纪，茶已经成为英国社会最流行的饮料。

● 茶在美洲、大洋洲、非洲的传播

17 世纪，茶叶传遍欧洲各国后，进入北美大陆，在美洲国家开始广泛流行。1812 年，巴西引入中国茶叶。1824 年，阿根廷购置中国茶籽于国内种植。

19 世纪初，茶叶由传教士、商船带至新西兰等地，随后逐渐在大洋洲流行。

明代，郑和七次下西洋，最终到达非洲东岸，茶叶由此传入非洲。

茶风雅事

在千百年的文明史卷中，随处都可以闻到茶香，可以品到茶韵。陆羽、卢仝、苏轼、林语堂便是其中的代表。

茶圣陆羽的传奇人生

陆羽（733—约804），字鸿渐。他一生嗜茶，精于茶道，其所著《茶经》是中国乃至世界现存最早、最完整的一部茶学专著，他对中国茶业和世界茶业发展做出了卓越贡献，世人尊奉他为"茶圣"。

◆ 不慕荣华只爱茶

陆羽本是一个弃儿，小时为竟陵龙盖寺的住持收养。因占得"鸿渐于陆，其羽可为仪，吉"，遂取名为陆羽，字鸿渐。虽长于寺庙，但陆羽却爱茶成痴，倾尽一生悟茶道。

当时，唐朝盛行饮茶之风，白丁鸿儒、皇亲权贵无不以爱茶为荣，因此，在品饮、煎茶等方面负盛名者不在少数。而此时的陆羽并不在其中，至少不及其师智积禅师，智积禅师当时被视为"茶仙"。

一次，智积禅师应代宗皇帝之召进宫品茶。皇帝命人煎煮了一碗上等好茶，赐予智积禅师品尝。但是，智积禅师只是小啜了一口，便不再品饮。皇帝很是不解，问其缘由。

智积禅师笑道："都怪我那弟子陆羽，他常年沏茶于我，饮惯了他的茶后，其他人煎煮的茶便不想再饮，实在相差甚远。"听后，皇帝十分好奇，便欲召见陆羽。只是，智积禅师告诉他，陆羽为访尽天下名茶佳水而云游在外，行踪不定，很难找到。

于是，皇帝命人去寻陆羽。一段时间后，寻访的人终于在一座山上找到了正在采茶的陆羽，并将其带回了皇宫。皇帝见到陆羽后，即命陆羽煎茶。

智积禅师博学而嗜茶，陆羽在他身边读书习字，还学得了一手煮茶的好手艺

当皇帝品饮了陆羽煎的茶后，不禁为之一震。陆羽煎的茶，茶香萦绕，茶叶淡绿，茶汤澄清，口感更是香醇甘甜。之后，皇帝又命陆羽煎煮了一碗，命人给尚不知陆羽已到宫中的智积禅师品饮。谁知，智积禅师一饮而尽，随后便大声呼道："鸿渐何在？"（陆羽字鸿渐）皇帝很是惊讶："你为何要呼唤陆羽？"智积禅师答道："此茶唯有陆羽煎得出来！"

经此一事，皇帝十分赏识陆羽，便想留他在宫中，并许以荣华富贵，但陆羽不为所动，坚持回到家中专心悟茶。

◗ 陆氏茶与《茶经》

陆羽最受推崇的两个成就是"陆氏茶"和《茶经》。

陆氏茶是陆羽在茶术、茶道的实践中创造并大力推行的一种煎茶方法，这种煎茶法是唐代社会的制茶精华。这是中国茶饮史上饮茶方法的一次跨时代的革新，影响深远。而且，陆氏茶在世界范围内同样享有盛誉，被日本茶学界称为"天才陆羽的煎茶法"。陆氏茶制作的大致程序为备茶、备水、生火煮茶、调盐、投茶、育华、分茶、饮茶、洁器等。

《茶经》是中国也是世界第一部茶学专著。《茶经》的字数很少，仅约7000字，却是一部具有里程碑意义的著作。其突出贡献主要有：第一，统一了茶的名称和写法；第二，讲述了有关茶的历史、分类、产地、品级、采制、饮用等方面的知识；第三，使茶成为一门专门的学问。

茶仙卢仝的《七碗茶歌》

唐代《茶经》的问世和《七碗茶歌》的出现堪称绝配，大大提高了茶的地位和增强了影响力。

卢仝生于河南省济源市武山镇，是"初唐四杰"之一卢照邻的嫡系子孙。卢仝一生，爱茶成癖，他的《走笔谢孟谏议寄新茶》诗，自唐以来，历经宋、元、明、清各代，传唱千年而不衰，其中的《七碗茶歌》，更是千古绝唱：

一碗喉吻润，两碗破孤闷。
三碗搜枯肠，唯有文字五千卷。
四碗发轻汗，平生不平事，尽向毛孔散。
五碗肌骨清，六碗通仙灵。
七碗吃不得也，唯觉两腋习习清风生。

卢仝以神乎其神的笔墨，描写了饮茶的感受。茶对他来说，不只是一种口腹之饮，更为他创造了一片广阔的精神世界，故而人们尊称他为"茶仙"。

《七碗茶歌》的问世，对于传播饮茶的好处，使饮茶的风气普及民间，起了推动作用。所以，后人认为唐代在茶业上影响最大、最深的是：陆羽的《茶经》、卢仝的《七碗茶歌》和赵赞的《茶禁》（即对茶征税）。

《七碗茶歌》在日本也广为传颂，并演变为"喉吻润、破孤闷、搜枯肠、发轻汗、肌骨清、通仙灵、清风生"的日本茶道。日本人对卢仝推崇备至，常常将他与"茶圣"陆羽相提并论。

或许正是因为有了这首茶歌，所以，茶与诗人有了解不开的渊源。

苏轼喻茶如佳人

苏轼号东坡居士，北宋眉山人。苏轼对茶情有独钟，平时最大的消遣就是品味佳茗，这成就了他茶香四溢的传奇一生。虽然古今历代文坛上，与茶结缘的人不可悉数，但是能像苏轼那样对品茶、烹茶、种茶均在行，诗词歌赋无不精彩绝伦的，似乎只有他一人。

有人说"李白如酒，苏轼如茶"，苏轼喝茶、爱茶，一生与茶相伴。他把茶比为"佳人""仙草""志向"，视茶为好友，通过茶来体悟人生，创作出了不少千古绝句。他在《次韵曹辅寄壑源试焙新茶》中写道：

仙山灵草湿行云，洗遍香肌粉末匀。
明月来投玉川子，清风吹破武林春。
要知玉雪心肠好，不是膏油首面新。
戏作小诗君勿笑，从来佳茗似佳人。

"从来佳茗似佳人"这句咏茶绝唱被无数后人引用，茶这个文雅的称呼——"茗"也更为世人所熟知。无怪乎有人说，"茶者，南方之嘉木也，而苏轼之文则是诗文之嘉木也"。

林语堂的"三泡"说

著名文学家林语堂是闽南漳州人，他受闽南工夫茶的熏陶而善品茶。他的"三泡"说，风趣幽默，道尽茶道与人道的奥妙，所以广为流传。他说："严格地说起来，茶在第二泡时为最妙。第一泡譬如一个十二三岁的幼女，第二泡为年龄恰当的十六岁女郎，而第三泡则是少妇了。"故而，喝茶是大有讲究的，第一泡、第二泡、第三泡的滋味各有千秋，真正的行家都是泡茶的高手。

茶入书画，茶墨俱香

茶事书画，以其独特的题材在历代书画作品中独树一帜，其深刻的文化内涵，所反映的多彩的生活情趣，成为茶文化的重要组成部分。

◍ 周昉《调琴啜茗图》

唐代周昉（生卒年不详）绘。图中反映的是妇女在宫廷品茗听琴的悠闲生活。图中妇女体态丰腴、雍容华贵，着装色彩雅妍，反映的是宫廷贵族品茶娱乐的情景。

◍ 顾闳中《韩熙载夜宴图》

五代顾闳中（生卒年不详）绘。以精湛技法表现了一代权臣韬光养晦的生活。其内的茶食、茶具的摆设以及人物品茗的神态，反映了当时封建官僚、士大夫们对物质生活的追求。

◍ 钱选《卢仝煮茶图》

宋钱选（生卒年不详）绘。内容为唐代卢仝煮茶的情景，表现了卢仝"豪岩放逸，傲睨一世，甘心数间之破屋，而独变鬼怪神于诗"的胸怀。画作将隐居在洛阳城中以饮茶和写《七碗茶歌》为乐的卢仝神态勾画得惟妙惟肖。

◍ 刘松年《撵茶图》

南宋刘松年（生卒年不详）绘。描绘了宋代从碾茶到点茶的操作过程。画中场面安静整洁、人物专注有序，反映了贵族官宦之家烹茶待客的情景。

◍ 刘松年《斗茶图》

南宋刘松年（生卒年不详）绘。斗茶，又称"茗战"，是宋代时期，上至宫廷，下至民间，普遍盛行的一种评比茶质优劣的技艺和习俗。此画即是描绘斗茶场景。人物结构准确，面部表情刻画细致，颇具神韵。

周昉《调琴啜茗图》

顾闳中《韩熙载夜宴图》

钱选《卢仝煮茶图》

刘松年《撵茶图》

刘松年《斗茶图》

赵佶《文会图》

唐寅《事茗图》

● 赵佶《文会图》

北宋赵佶（即宋徽宗，1082—1135）绘。这幅画充分表现了徽宗院画精致明净的风格。宋徽宗与宠臣蔡京也在画上留下题跋，以此作为在帝王统治下人才云集的象征图像。画中环桌而坐的文士，正进行着茶会。

● 唐寅《事茗图》

明代唐寅（1470—1524）绘。此画布局别出新意，虚实相生，层次分明。近景巨石侧立，巨石墨色浓黑，皴擦细腻，凹凸清晰可辨。屋舍、坡岸淡雅清润，屋中主人临窗品茗，描绘出幽静宜人的理想化境界。通过画面，似可听到潺潺的流水，闻到淡淡的茶香。

● 文徵明《品茶图》

明代文徵明（1470—1559）绘。画中
草堂环境幽雅，小桥流水，苍松高耸，堂
舍轩敞，几榻明净。堂内二人对坐品茗清
谈。几上置书卷、笔砚、茶壶、茗盏等。
茶寮内泥炉砂壶，炉火正炽，童子身后的
几案上摆有茶罐及茗盏。

● 文徵明《惠山茶会图》

明代文徵明绘。在一片松林中有座茅
亭泉井，诸人冶游其间，或围井而坐，展
卷吟哦；或散步林间，赏景交谈；或观看
童子煮茶。

文徵明《品茶图》

文徵明《惠山茶会图》

陈洪绶《停琴品茗图》

钱慧安《烹茶洗砚图》

● 陈洪绶《停琴品茗图》

明代陈洪绶（1598—1652）绘。画中描绘了两位高人逸士相对而坐，琴弦收罢，茗乳新沏，良朋知己，香茶间进，手捧茶杯，边饮茶边谈古论今，加之雅气十足的珊瑚石、莲花、炉火等，如此幽雅的环境，把人物的隐逸情调和文人淡雅的品茶习俗，渲染得既充分又得体，给人以美的享受。

● 陈洪绶《松溪品茗图》

明代陈洪绶绘。画中描绘了儒士、高僧神情静默，高古奇骇，围坐品茗，二童子垂目而立。

● 钱慧安《烹茶洗砚图》

近代钱慧安（1833—1911）绘。此画在两株虬曲的松树下，有傍石而建的水榭，一中年男子倚栏而坐。榭内琴桌上置有茶具、书函，一侍童在水边涤砚，数条金鱼正游向砚前；另一侍童拿着蒲扇，对着小炉扇风烹茶。

陈洪绶《松溪品茗图》

吴昌硕《梅花煮茶图》

● 吴昌硕《梅花煮茶图》

近代吴昌硕（1844—1927）绘。此画构图佳绝，炉扇前置右侧，占去大块完整画面，左侧数枝梅花凌空延伸，枝干交错，碎花穿插其间，几枝右展，护住茶炉，更破右上空间，左侧边长题，与梅花形成一体，点、线、面各有照顾。

● 齐白石《寒夜客来茶当酒》

近代齐白石（1864—1957）绘。占据画面一大半的是一青色细颈大瓷瓶和瓶中开着十来朵花的一折枝墨梅。瓶左下是一把墨色中略带赭石之色的提梁大茶壶。瓶右下是一盏燃着红火的油灯。全画寓繁于简，表现出引人入胜的诗意与画面：油灯，瓶梅，寒夜有客至寒舍，活火现烹香茗，以茶当酒，品茶赏梅，促膝畅谈，倍感亲切。

齐白石《寒夜客来茶当酒》

茶在中国的历史沿革

中国是茶的故乡和茶文化的发源地。中国人用茶的历史悠久，千百年来，中国茶的种类不断扩大，茶的制作方式、茶叶形态、饮用方法不断发展。

茶叶种类的沿革：从绿茶发展到六大基本茶系

从绿茶到黄茶

最早诞生的茶叶是绿茶，制作绿茶的基本工序是杀青、揉捻和干燥，如果其中某道工序出现偏差，例如杀青时间过长，或者杀青后未及时摊凉、揉捻，或者揉捻后未及时烘干或炒干，那么制作出来的茶叶色泽就会变黄，最初的黄茶可能就是因此而创制的。黄茶是继绿茶之后出现较早的一个茶类，例如唐代李肇《唐国史补》记载："风俗贵茶，茶之名品甚众……寿州有霍山之黄芽。"前蜀毛文锡《茶谱》记载："又有片甲者，即是早春黄茶……皆散茶之最上也，雅州百丈、名山二者尤佳。"

黑茶

黑茶的出现与黄茶颇为相似，如果在杀青时叶量多、火温低，或者绿毛茶堆积后发酵，叶色就会变成近似黑色的深褐色，这就是黑茶最早的由来。黑茶大约创制于明代，《明史·茶法》："诏天全六番司民，免其徭役，专令蒸乌茶易马。"乌茶即黑茶。《明会典》："穆宗朱载庆五年……收买真细好茶，毋分黑黄正附，一例蒸晒，每篦重不过七斤。"

白茶

"白茶"的称呼最早出现在唐朝陆羽的《茶经·七之事》中，文中记载："永嘉县东三百里有白茶山。"不过那时所说的"白茶"指的是用白叶茶树的芽叶制作而成的茶，与后来的"白茶"概念并不相同。现代的白茶，从其只经过萎凋和干燥两道工序的制作方法来看，大约创制于明代中后期或清代初期。最早的白茶是白毫银针，后来又发展出了白牡丹、贡眉等品目，现代又出现了新工艺白茶。

🍵 红茶

红茶是仅次于绿茶的第二大茶类，《片刻余闲集》中记述："山之第九曲尽处有星村镇，为行家萃聚。外有本省邵武、江西广信等处所产之茶，黑色红汤，土名江西乌，皆私售于星村各行。"这里所说的"江西乌"，就是红茶中的正山小种。到了清代晚期，在正山小种的基础上又发展出了工夫红茶，当今最为知名的祁门红茶即创制于光绪元年（1875 年）。

🍵 乌龙茶

乌龙茶，亦称青茶，创制于清初或更早的时期。清代陆廷灿在《续茶经》中引述王草堂的《茶说》："独武夷炒焙兼施，烹出之时，半青半红，青者乃炒色，红者乃焙色也。"这讲的就是乌龙茶中的武夷岩茶的制法。

🍵 再加工茶

再加工茶就是在六大基本茶类的基础上，采用一定手段进行再次加工而成的茶叶。主要包括花茶、紧压茶、工艺茶、非茶之茶。如：花茶是主要以绿茶为原料，用鲜花窨制而成的一类再加工茶。最早的花茶是茉莉花茶，在南宋时就已经出现。到了明代，用来制作花茶的花品已经很丰富，如《茶谱》中记载："木樨、茉莉、玫瑰、蔷薇、兰蕙、栀子、木香、梅花皆可作茶。"

绿茶

黄茶

黑茶

白茶

红茶

乌龙茶

花茶

制作方式的沿革：
从蒸青到炒青

中国加工茶叶最早的方式是蒸青。到唐代，蒸青工艺已经发展得相当成熟。对于这种方法，陆羽在《茶经·三之造》中描述道："晴，采之。蒸之，捣之，拍之，焙之，穿之，封之，茶之干矣。"意思是茶叶晴天才可以采，之后须经过蒸熟、捣碎、拍打成形、焙烤、穿串、封装等程序才能加工完成。

在蒸青工艺发展成熟的同时，炒青工艺也开始出现。唐代刘禹锡的《西山兰若试茶歌》一诗中有这样一句："斯须炒成满室香。"这是见于文献的有关炒青制法的最早记载。经过数百年的发展，到明代时炒青工艺方发展成熟，这一时期有很多茶学著作都对炒青工艺做了详细的描述，如许次纾的《茶疏》中记载："生茶初摘，香气未透，必借火力以发其香。然性不耐劳，炒不宜久，多取入铛，则手力不均，久于铛中，过熟则香散矣，甚且枯焦，尚堪烹点。炒茶之器，最嫌新铁，铁腥一入，不复有香，尤忌脂腻，害甚于铁……"

同蒸青相比，炒青的特点是经过了高温杀青，这一过程一方面会使鲜茶叶中的青涩味更多地挥发掉；另一方面则促成茶叶中一系列物质的转化，提高茶叶的香气，增强茶叶的滋味。正因如此，炒青工艺才逐步取代蒸青而成为茶叶制作的主要方式。

茶叶形态的沿革：
从紧压茶到散茶

中国早期加工茶的主要形态是以饼茶为代表的紧压茶。到了唐代，随着饼茶制作工艺的发展完善，饼茶出现了很多品种，如陆羽在《茶经·三之造》中写道："茶有千万状，卤莽而言，如胡人靴者，蹙缩然；犎牛臆者，廉襜然；浮云出山者，轮囷然；轻飙拂水者，涵澹然。有如陶家之子罗，膏土以水澄泚之。又如新治地者，遇暴雨流潦之所经；此皆茶之精腴。有如竹箨者，枝干坚实，艰于蒸捣，故其形籭簁然；有如霜荷者，茎叶凋沮，易其状貌，故厥状委萃然；此皆茶之瘠老者也。"

前六种都是优质茶，后两种则为劣质茶。

在以饼茶为代表的紧压茶盛行的同时，其他形态的茶类也开始出现，陆羽在《茶经·六之饮》中就提到："饮有粗茶、散茶、末茶、饼茶者。"《宋史·食货志》也记载："茶有两类，曰片茶，曰散茶。"这里的"片茶"，指的就是紧压茶。

到了明初，茶叶的主要形态发生了重要转变。因为制作紧压茶过于耗时费工，而且在加工过程中有损茶叶的香味，因此明太祖朱元璋于洪武二十四年（1391年）下诏废除了以往作为贡茶的龙团的制作，而改以散茶进贡。从此以后，散茶就成了中国茶叶的主要形态。

> **在上面这段话中，陆羽将当时的饼茶分成了八个品类，其特点分别是：**
>
> ∨ 胡人靴——饼面有皱缩的细褶纹
>
> ∨ 犎牛臆——饼面有整齐的粗褶纹
>
> ∨ 浮云出山——饼面有卷曲的皱纹
>
> ∨ 轻飙拂水——饼面呈微波形
>
> ∨ 澄泚——饼面光滑
>
> ∨ 新治地——被暴雨急流冲刷而高低不平
>
> ∨ 竹箨——饼面呈笋壳状，起壳或脱落，含老梗
>
> ∨ 霜荷——饼面呈凋萎的荷叶状，色泽枯干

饮用方式的沿革：
从咀嚼到煮饮再到冲饮

我国的饮茶方式大致经过了五个阶段：

生茶咀嚼法→原始粥茶法→饼茶煮茶法→研膏团茶点茶法→散茶泡茶法

● 生茶咀嚼法

茶最早是以生嚼的方式得以利用的。"神农尝百草，日遇七十二毒，得茶（即茶）而解之。"这里讲的神农以茶解毒，很可能就是对生的茶叶进行咀嚼服用的。在这一阶段，茶是作为解毒药物来应用的。

● 原始粥茶法

后来，人们开始用茶来煮羹，大约相当于现在的煮菜汤。晋代郭璞为《尔雅》中的"槚，苦荼"作注："树小如栀子，冬生叶，可煮羹饮。"这种茶羹，又称为茗粥。而唐代杨晔在《膳夫经手录》中记述："茶，古不闻食之，近晋宋以降，吴人采其叶煮，是为茗粥。"由此可见，晋代到唐代期间，人们是习惯将茶煮成羹来吃的。

● 饼茶煮茶法

早期用来煮羹的茶，大都是未经加工的生茶叶，而人们在用茶过程中发现，茶叶还可以晒干或烘干之后收藏起来，从而存放很长时间。逐渐地，人们所食用的茶就转变为以加工茶为主，而食用方式依然主要是煮饮，冲泡方式也开始出现。

陆羽在《茶经·五之煮》中指出煮茶的方法：

1. 炙茶。即烤茶。温度要高，"持以逼火"；茶饼要"屡其翻正"，否则会"炎凉不均"；茶以烤到呈"虾蟆背"状为度。烤好的茶饼趁热装入纸袋，以防香气散失。

2. 研茶。待茶饼冷却后研成细末。

3. 煮茶。一沸后投入适量盐，并除去水面上结出的水膜；二沸后先舀出一瓢水，再用竹夹在水中边搅动边投入茶饼末；三沸后加进二沸时舀出的水，使茶汤暂时停止沸腾，以"育其华"。

4.饮茶。茶煮好后，第一碗茶汤口味最好，称为"隽永"，第二、第三碗次之，到第四、第五碗之后，如果"非渴甚"，就不必喝了。饮时要趁热连饮，一旦冷了，"精英随气而竭"，那就不好喝了。

研膏团茶点茶法

进入宋代，人们虽然依旧饮用团茶饼，但饮茶方式有所改变：饮茶时，把饼茶碾成末，再入箩过筛，取茶入茶盏，将汤瓶中的沸水注入，不加任何调料。这便是点茶。

散茶泡茶法

陆羽《茶经·六之饮》中记载："饮有粗茶、散茶、末茶、饼茶者，乃斫，乃熬，乃炀，乃舂，贮于瓶缶之中，以汤沃焉，谓之庵茶。"意思是说，茶的形态有粗、散、末、饼等，通过斫、熬、烤、舂等加工之后，贮藏在瓶缶中，然后用热水来冲泡，这叫作"庵茶"。由此可知，在唐代中期，就已经出现了冲泡的饮用方式，但到了明清时期这种方式才成为主流。

到了明代，不做饼茶了，流行将散茶炒青，做成不发酵的绿茶。饮茶时，将茶叶放入壶或杯盏中，冲入沸水即可。饮茶不但变得非常简单，而且保留了茶的真香实味；同时小壶啜饮，既可品茶玩壶，又避免了人多的喧闹，故得以沿用至今。

清代诗画家李方膺所作《煮茶图》

我国当今茶叶产区分布

我国地域辽阔，全国茶园总面积约为100万公顷，居世界首位。现在一共有西南、江南、华南、江北四大茶区，四大茶区各有特点。

西南茶区

◆ 区域范围

西南茶区的区域范围包括米仓山及大巴山以南，红水河、南盘江、盈江以北，神农架、巫山、方斗山、武陵山以西，大渡河以东，包括云南中北部、广西北部、四川、重庆、贵州及西藏东南部。西南茶区是我国最古老的茶区。

◆ 地貌特征

西南茶区地势较高，大部分茶区海拔在500米以上，属于高原茶区。土壤类型多，主要有红壤、黄红壤、褐红壤、黄壤、红棕壤等。有机质含量较其他茶区高，有利于茶树生长。

◆ 茶树品种

西南茶区的茶树品种资源十分丰富，栽培的茶树也多，乔木型大叶种和小乔木型、灌木型中小叶品种全有，如名山白毫131、名选213、南江大叶茶、崇庆枇杷茶、早白尖5号、十里香等。

贵州都匀茶园

浙江龙井茶园

江南茶区

● 区域范围

江南茶区的区域范围在长江以南，大樟溪、雁石溪、梅江、连江以北，包括广东北部、广西北部、福建中北部、湖南、江西、浙江、湖北南部、安徽南部、江苏南部等地。

● 地貌特征

江南茶区大多处于低丘、低山地区，也有海拔在 1000 米以上的高山，如浙江的天目山、福建的武夷山、江西的庐山、安徽的黄山等，土壤以红壤、黄壤为主。

● 茶树品种

江南茶区的茶树品种主要以灌木型为主，小乔木型茶树也有一定的分布，如鸠坑种、龙井 43、浙农 12、福云 6 号、政和大白茶、水仙、肉桂、福鼎大白茶、祁门种、上梅洲种等。

华南茶区

◆ 区域范围

华南茶区的区域范围主要包括福建大樟溪、雁石溪，广东梅江、连江，广西浔江、红水河，云南南盘江、无量山、保山、盈江以南等地区，包括福建东南部、广东中南部、广西南部、云南南部及海南、台湾。

◆ 地貌特征

茶区多为山区，土壤为红壤和砖红壤，有的山区多森林，雨量充沛，土层深厚，肥力高，为中国最适宜茶树生长的地区。

◆ 茶树品种

华南茶区的茶树品种资源最为丰富，主要为乔木型大叶类品种，小乔木型和灌木型中小叶类品种也有分布，如海南大叶种、勐库大叶茶、铁观音、凤凰水仙、英红1号等。

福建安溪茶园

江北茶区

区域范围

江北茶区的区域范围位于长江以北，秦岭—淮河以南以及山东沂河以东部分地区，包括甘肃南部、陕西南部、河南南部、山东东南部、湖北北部、安徽北部、江苏北部，是我国最北的茶区。

地貌特征

地形比较复杂，有山区、丘陵、河谷地带等，土壤以黄棕壤为主，也有黄褐土和山地棕壤等。

茶树品种

江北茶区的茶树品种主要是抗寒性较强的灌木型中叶种和小叶种，如信阳群体种、紫阳种、祁门种、黄山种、龙井系列品种等。

河南信阳毛尖茶园

茶树的生长与采摘

茶树的生长环境对茶叶的品质影响很大，茶叶的味道会随着生长地的土壤、气候、地形等条件的改变而发生变化。采摘时节也会关系到茶叶的品质。

茶树的形态

茶树的树型有乔木、小乔木和灌木之分。乔木型茶树树势高大，有明显的主干，一般树干高达 3~5 米，云南等地原始森林中生长的野生大茶树高达 10 米以上，每到采茶季节，往往要用梯子或爬到树上采茶；小乔木型茶树在福建、广东及云南西双版纳一带栽培较多，有较明显的主干，离地 20~30 厘米处分枝；灌木型茶树树冠较矮小，叶片较小，树高 1.5~3 米，无明显主干，栽培最多。

乔木型茶树

小乔木型茶树

灌木型茶树

茶树的组成

◆ 根

茶树的根由主根、侧根、细根、根毛组成。主根可垂直深入土层 2~3 米，一般栽培的灌木型茶树根系入土 1 米左右。主根和一、二级侧根，起固定茶树、疏导养分、贮藏养分等作用。

◆ 茎

茶树的茎是由树干和众多枝条组成的，作用是将根部吸收来的水分和矿物质输送到芽叶中，并将叶片中光合作用产生的有机物质输送到根部贮藏起来。

◆ 芽

茶树的芽是枝、叶、花的原生体，位于枝条顶端的称顶芽，位于枝条叶腋间的称腋芽。顶芽和腋芽生长而成的新梢，是人们用来加工茶的原料，是最有利用价值的部位。

◆ 叶

茶树叶片是单叶互生的，边缘有锯齿，末端有短柄，面上有叶脉，形状有披针形、椭圆形、长椭圆形、卵形、圆形等，其中以椭圆形居多。叶是茶树进行光合作用、制造养分的营养器官，也是人们采收利用的对象。

◆ 花

茶树大多在 10 ~ 11 月开花。茶树的花为两性花，微有芳香，常为白色，少数呈淡黄或粉红色。

◆ 果

茶树的果为蒴果，果实一般为三室，少数为四室或五室，每室含有 1~2 粒种子，种子呈黑褐色，稍有光泽，富有弹性。

茶树的种植条件

● 土壤

最适宜种植茶树的土壤是通气性、透水性和蓄水性良好的酸性红黄土壤，pH 值为 4.5~6.5，有机质含量在 1% 以上，其中以花岗岩、片麻岩等母岩形成的沙质土壤为最好。

● 气候

光照：光照不能太强也不能太弱，同时光质对茶树的生长也有一定的影响，例如在红光下，茶树的光合产物中糖类较多，而在蓝紫光下氨基酸、蛋白质则较多。

温度：茶树适宜在平均气温为 15~25℃ 的地区栽培，最低温度不能低于 -10℃，最高温度不能超过 35℃，否则茶树的生长会受到抑制。

降水：降水量全年均衡，并在 1500 毫米以上。

● 地形

茶树喜高山也宜丘陵。不过随着海拔的升高，气温和湿度都有明显的变化，在适当高度的山区，雨量充沛，云雾多，空气湿度大，漫射光强，这些都利于茶树的生长。但是，海拔并不是越高越好，海拔在 1000 米以上会有冻害。一般来说，偏南坡比较好，但坡度不宜太大，以 30° 以下为宜。

采茶时机：天时

● 采收季节

春茶： 春茶依时日可分为早春、晚春、清明前、清明后、谷雨前、谷雨后等茶，其中清明、谷雨之间采的茶品质最佳。

夏茶： 夏茶的采摘时间在5月下旬到6月下旬；第二次夏茶俗称六月白、大小暑茶、二水夏仔，采摘时间在7月上旬至8月中旬。

秋茶： 秋茶的采摘时间在8月下旬至9月中旬；第二次秋茶亦称白露笋，在9月下旬至10月下旬采摘。

冬茶： 冬茶在每年的11月下旬至12月上旬采摘。立冬前后采的茶为佳品。

● 采收天气

"好茶之制造，必须三才具备"，这里所谓的"三才"，即天、地、人。其中的"天"代表采茶当天的气候，天气既要晴朗而气温又不能太高，一般不得超过25℃，以天气晴朗、气温凉爽、微风拂面最好。

采茶时阳光太强、气温太高，茶青容易被焖熟，成品茶就会不香，汤色也会浑浊。如果在采收季节阴雨绵绵，也会影响茶的质量。所以说，好茶来得太不容易，不但要靠人的努力，还要看"老天爷"的脸色。

神秘的茶马古道

茶马古道的由来

茶马古道具有特定的历史内涵，是指唐宋以来汉民族同边疆少数民族之间因以茶易马、茶马互市而形成并发展起来的商贸通道。

茶马古道随着民族贸易的不断发展，不再仅仅局限于茶马，内地的布匹、丝绸、糖、盐等也不断流入到藏族聚居区，而边疆的虫草、麝香、皮毛、黄金等产品，则输入内地，双方互通有无。于是，无数商旅、驮队、马帮、背夫，不断开辟连接青藏高原与内地的道路。因为这些道路是由"茶马互市"开始，于是人们就称这一条条商路为"茶马古道"。茶马古道是千百年来由一条条古山道、古驿道互相连接、延伸、发展形成的，主要路段还用青石块、青石板铺设。茶马古道同时也是各民族经济、文化的交流之路。

茶马古道的起点

茶马古道在不同的历史阶段，具有特定的明显走向和不同的历史作用。

西蜀地区的唐蕃古道、松茂古道和茂州以西的夏阳道都属于早期的茶马古道。随着经济社会的发展，演变成为现代所称的川藏茶马古道。

川藏茶马古道的主要起点是以蒙顶山为中心的川西茶叶产区。

滇藏茶马古道的主要起点在云南思茅茶区、易武茶区。20 世纪初，易武一度成为普洱茶贸易、集散的中心，优质的普洱茶与巨大的普洱茶需求使易武成为普洱茶最大的加工、集散中心。

茶马古道的三条主干线

　　历史上茶马古道主要有三条：川藏茶马古道、滇藏茶马古道和青藏茶马古道。以这三条道路为主，构成了密集的交通网络。这些茶马古道地跨川、滇、青、藏四个地区，并连接着南亚、西亚、中亚和东南亚等地。很多书中把"茶马古道"称为"马帮之路"，认为茶马古道就是马帮驮茶所走的道路，其实是不对的。事实上这三条茶马古道主干线的运输队伍并不相同：在青藏茶马古道上，西宁以东的运输工具主要以骡马和驴为主，西宁以西的运输工具则主要是牦牛；在川藏茶马古道上，由雅州、汉源运向藏区的茶，在打箭炉以东，主要靠人力背运，而在打箭炉以西，则主要是由牦牛驮运；只有在滇藏茶马古道上，才是以马帮驮运为主。

马帮首领——马锅头

云南被称为"彩云之南"，表示其地处偏远。云南位于我国西南边陲，地处热带、亚热带地区，天气炎热、山高林密、沟谷纵横，交通极为不便。因此在古代，云南的货物运输除了肩挑背驮之外，主要还是靠畜力。由于云南的马匹个头矮小，不堪重负，因此，骡子就成了运输的主力。

刚开始时，骡马运输的规模很小，但随着人们交往的深入和商业贸易的扩大，逐渐形成了马帮。早期马帮分为官帮和民帮。官帮是由官府出面组织，骡马的规模有上百匹，其职能除了运送茶叶外，主要目的是为了押运一些重要物资；而民帮是指民间组织的马帮，民帮又分为常年帮和逗凑帮两种，常年帮比较固定，以运输茶叶和药材为主，而逗凑帮则是临时集合的，民帮的规模一般不大。

马帮的首领俗称马锅头，马锅头一般经验丰富，他既是马帮的经营者、赶马人的雇主，又是马帮运输活动的直接参与者。马帮所要走的路线、业务联系、开支和安全，都由马锅头负责，因此马锅头一定要有惊人的胆量、卓越的智慧、强健的体魄和良好的沟通能力。

西南地区崇山峻岭，交通极为不便，背夫之路艰难曲折

明末清初"走夷方"

明末六大茶山因瘴气流行，茶山曾一度衰落。因此早期茶叶的贸易量很小，只是提供了小部分马帮的生计。因而只有滇南的很少部分马帮参加了茶叶运销。较早进入思普走夷方经营泰缅老贸易的马泽如在其《原信昌号经营泰国、缅甸、老挝边境贸易始末》一文中回忆说："迤南一带的马帮不少，但只有河西、玉溪、峨山一带小部分回族人的马帮敢走普洱、思茅、佛海并进入泰国、缅甸、老挝……"

随着茶业的兴盛，到清初时普洱茶年产量已高达千余吨，原有的马帮已运销不了这么多茶叶，新的马匹不断补充进来，这种"走夷方"的马帮队伍慢慢壮大起来，并随即扩散到了全省各地。到清末民初，每年到此地运输茶叶及其他商品的马匹可达上万匹。其中由维西、中甸来此的藏族马帮队伍每年达 4000 多匹。由玉溪一带到思普的马匹每年也可以达到千余匹。来自祥云、弥渡、景东等地的马帮的马匹年约有 3000 匹，还有来自通海、蒙自、建水、石屏、元江、红河等地和省内外其他各地的马帮。思普路上，马帮成群，络绎不绝。

当时云南大的马帮有迤西帮、鹤庆帮、腾越帮、喜州帮、昭通帮、曲靖帮、临安帮、蒙自帮、开化帮、通海帮、新开帮、思茅帮等，其中许多帮都在茶叶贸易上得到了发展，有的马帮是在茶叶运销贸易中发展成为大马帮的。

活着的马帮

随着现代交通工具的不断发展及交通道路的日益四通八达，马帮也慢慢退出了历史舞台。但在云南的很多地方，现代的交通工具仍然无法到达。在云南的原始森林及公路没有修通的地方，仍然生活着几十万人，其中绝大多数是少数民族。这些人群日常生活所需的基本物资，如油、盐、布、茶等，仍然是由马帮来运输的。

如今马帮依然活跃在云南、西藏、贵州、四川等地。

第二章

慧眼轻松养
选购优质茶

简易挑选茶叶的六个方面

茶叶的类别繁多、质量优劣不等，在购买茶叶的时候如何挑选呢？编者根据总结的相关经验，为您介绍一下快速挑选茶叶的方法。

一款茶大致从色、香、味、形四个方面来鉴别。对于一般消费者，购买茶叶时只能观看干茶的外形和色泽、闻干香，这样不容易判断出茶叶的品质。这里粗略介绍一下鉴别干茶的方法，可以从以下六个方面来挑选茶叶。

条索松紧： 一般来说，条索紧、身骨重实、圆（扁形茶除外）而挺直，说明原料嫩、做工好、品质优。品质差的茶叶抓在手里轻飘飘的，似乎压得平平整整，卖相很好，但不是好茶叶。只有在手里厚重、有肉头的才是好茶叶。

色泽： 好茶均要求色泽一致，光泽明亮，油润鲜活。如绿茶以翠绿油润为好。

均匀度： 将茶叶倒入盘中（若无，可用白纸代替），让茶盘旋转数圈，使茶叶分出层次，如中段茶多，表明茶匀度好。

净度： 不含有茶梗、叶柄、茶籽者为质量好。

整碎： 茶叶的外形和断碎程度，以匀整为好，断碎为次。

香气： 抓一把干茶，闻其香气，绿茶取其清香；红茶要带有一种焦糖香；包种茶要有花香；乌龙茶应具特有之熟果香；花茶应有熏花之花香和茶香混合之强烈香气；黄大茶要有锅巴香；白茶要有毫香，同时检查有无馊、烟、霉、焦、酸等劣变气味及其他异味。

购买茶叶也分季节

春花、夏绿、秋青和冬红，这是四季所对应的茶类。每个季节都找到一个十分适合自己的茶，还真得您自己慢慢品尝体会。

喝茶不仅讲究地利，还讲究天时，许多人一年四季都喝一种茶，这样不利于养生。所以，购买茶叶也要分季节，不同的季节应购买不同种类的茶叶。

春季首选花茶和凤凰单丛。春天要养肝，重点在于疏通肝气，而芳香类物质有通窍的功效。饮一杯花茶，不仅可缓解春困，还可消灭病菌、预防流感，所以，要多喝具有浓郁花香的凤凰单丛和茉莉花茶。

夏季首选绿茶。夏天天气炎热，绿茶是消暑解渴之佳品。另外，铁观音、台湾高山茶、3~5年的生普洱也是夏季的不错选择。

秋季首选乌龙茶。乌龙茶的性、味介于绿茶、红茶之间，不寒不温，既能清除体内余热，又能生津养阴，预防秋燥。秋季最适合喝当年春天的铁观音和前一年的武夷岩茶。

冬季首选红茶与熟普洱茶。红茶、熟普洱茶属于温性茶，很适合在寒气袭人的冬季饮用。冬天喝红茶可以蓄养阳气，给人以温暖的感觉；喝熟普洱茶可以暖胃驱寒，消食化积。

如何识别真茶与假茶

所谓真茶与假茶，是指茶叶的等级高低和茶叶原产地是否真实，不法商家是不是以次充好、以其他茶冒充名茶。下面就介绍一些识茶方法。

选茶四要：看、闻、摸、尝

在选购茶叶时，一般可通过眼看、鼻闻、手摸、口尝的方法判断茶的优劣。

◦ 眼看

眼看是指观察茶的外形和色泽。绿茶、黄茶、白茶一般是条索状，乌龙茶通常是卷曲的，黑茶比较特殊，因为允许使用几个级别的茶青。另外，茶叶一定要匀净。匀就是均匀，不要有大有小、有肥有瘦、有薄有厚，要保持相对平均；净就是不掺杂其他东西，如普洱茶饼不能有茶果，高等级的绿茶不会在芽头里掺杂较多叶片。

色泽上不要发"闷"，即使是熟普洱也一定要有鲜活的感觉，不是完全碳化。可把干茶放在白纸或白盘子中摊开看，如果绿茶深绿，红茶乌润，乌龙茶乌绿，且每种茶的色泽均匀，即为真茶；若茶叶颜色杂乱不一，或与茶的本色不一致，则有可能为假茶。

◦ 鼻闻

鼻闻就是捧起一把干茶，放在鼻端深深嗅一下味道。如果有茶香，则为真茶；如果有青腥味，或夹杂其他气味即为假茶。闻重在两个字：厚、透。厚是说香气要稳重，不是高火产生的米香，不是艳香，不是俗香，更不是酸、烟、霉气，是青叶透出的自然之气，除了花茶，就算上好的大红袍之类的高香茶，也是类似兰花神韵的香，不是直接的花果香。当然，熟普洱散发出的是陈香气。透是说香是绵长的、均匀的，不能闻第一下直冲鼻子，以后越来越淡。

♦ 手摸

手摸就是用手感觉茶叶的质感与湿度等。级别高的茶叶嫩度高，叶质肥厚有弹性，反之则叶质硬而薄。还要用手感觉茶的湿度。干茶应该干燥而且可以捏成不结块的粉末，不要感觉潮潮的、湿湿的。可以闻一下摸过茶的手指，不要有异味。

♦ 口尝

口尝就是取少量茶冲泡一下，从茶汤的汤色、香气、滋味、叶底等加以辨别。首先看茶汤的颜色是否易于发散，有无过多杂质，是否清澈透亮；其次闻一下香气，看有没有异味，熟普洱要看堆味是不是太强；接着品尝茶汤，品是否醇和厚重；然后看叶底，是否仍然保持弹性，边缘比较整齐，破碎少，大小也比较均匀；最后再闻一下冷茶或用过的品茗杯的味道，看有无类似氨气之类的味道，如果有则说明化肥施用得比较多，会影响人体健康。

好茶的最大标准——好喝

好茶的最大标准是什么？是外形漂亮？是香气突出？是茶汤清澈？是叶底美观？似乎都不是根本。

其实就两个字：好喝。

品质好的花茶干花少

　　窨制花茶要用半开之鲜花，随着鲜花逐渐开放，香气逐渐吐出，而茶叶是很好的吸味剂，会随着鲜花的盛开逐步吸收花香，一吸一吐，经过多次窨制，就成了花茶。但是干花是没有任何香味的，所以花茶窨制完成后都要把干花从茶叶里拣出来。所以，品质越好的花茶，里面的干花越少。在冲泡花茶时能嗅到花香，而不是冲鼻的像空气清新剂一样的香味。如果是这种味道，很可能是往茶叶里喷洒了香精，对身体有害。

小心鉴别"香精茶"和"染色茶"

一些不法商贩为了使茶叶卖相更好，向茶叶中添加香精或者将茶叶染色，于是茶市出现了"香精茶"和"染色茶"，大家在购买茶叶时，一定要擦亮双眼，谨防上当。下面教大家一些辨认"香精茶"和"染色茶"的绝招。

◗ 辨认"香精茶"

为了给陈茶增香，有的茶叶商贩会在茶叶里喷洒一些香精。香气浓郁的花茶中也不乏香精，比如向茉莉花茶中添加茉莉香型的香精、向菊花茶中添加菊花香型的香精。这里有一种最简单的辨别方法：一般来说，正常花茶不含"油"，而把"香精茶"放在吸水性较好的软纸上按一下，就会显出斑斑点点的油迹。

如果怀疑茶叶中添加了香精，还可以采用冲泡的方式来分辨：将茶叶投入杯中，倒入1/5茶杯的开水，接着闻香气，如果有刺鼻浓烈的杂味，就有可能是添加了香精。如果第二泡、第三泡时，就没有了茶叶的香气，也有可能是添加了香精。

◗ 辨认"染色茶"

"染色茶"往往显得过于鲜艳，最简单的鉴别方法是用大拇指和食指蘸清水后，取一两片茶叶，轻轻搓捏，如果手指很快留下明显的色迹，则是上过色的茶叶。或者将这种茶叶冲泡后，如果汤色刚开始较为正常，放置一段时间后有比较明显的分层现象，则说明很可能是"染色茶"。

选购有机茶叶有诀窍

如今，许多东西为了使老百姓放心，都打上了"有机"的称号，有机水果、有机蔬菜、有机茶……百姓如何购买到放心的"有机茶"呢？

何谓有机茶

茶叶按品质高低分为绿色有机茶、绿色食品茶、无公害茶、一般常规茶。有机茶是一种在没有任何污染的产地按照有机农业生产体系与方法生产出鲜叶，在加工、包装、储运、销售过程中不受化学物品等的污染，并符合国际有机农业运动联合会（LFOAM）标准，经有机（天然）食品颁证组织颁发证书的茶叶。有机茶属于真正纯天然、高品位、高质量的健康饮品。

据了解，2012年前中国茶叶的种植总面积是211万公顷，拥有有机认证的面积不到2万公顷，有机茶在茶叶总量中占比不到1%。

"有机"是如何认证的

有机产品的认证过程非常严格，需要经过现场检查、产品检测、环境监测等环节。首先，要求土壤、水源、空气无污染，从茶叶种植、采摘、加工到包装、储存、运输过程全部无污染，各种金属元素与稀土的百分比含量低于规定标准。其次，不能施用任何化肥、农药、植物生长剂、化学食品添加剂等。最后，零农残，要求检测农药残留为零。真正的有机茶认证是每年一检的，每年认证机构都会到茶园进行土壤、空气、水源质量的检测。

目前国内有 3 家从事绿色有机茶叶认证工作的机构，分别是杭州中农质量认证中心、南京国环有机产品认证中心、北京中绿华夏有机食品认证中心。有机茶应取得上述机构颁发的"三证"：有机茶原料生产证书、有机茶加工证书、有机茶交易证书。

如何鉴别有机茶

鉴别有机茶的方法主要有两种：

一是从茶的实物感观上判断，但这种方法比较主观和不准确。有机茶的外形应洁净无杂质，冲泡后茶汤比一般的茶叶更为清香和甘醇。

二是根据相关机构的认证情况来判断，这种方法最可靠。我国 2012 年 7 月 1 日出台的《有机产品认证实施规则》，要求所有有机产品的独立包装上除了要贴上有机认证标志、唯一编号、认证机构名称（标志）外，刮开锡纸还应见到由 17 位数字构成的有机码（有机码是国家认监委根据获证企业的产品数量和类别定额控制发放的，相当于该产品的"电子身份证"），登录中国食品农产品认证信息系统，即可根据该有机码查询该产品的"身份"信息。目前，假有机茶主要是没有认证或者认证过期，没有"电子身份证"（即有机防伪标签）。市面上的有机茶大部分采用封闭的防伪包装，包装上印制"有机茶"这一标志，故而购买后可以刮开防伪涂层查询真伪。

购买茶时注意看包装

市场上的茶叶种类繁多，选购难度也就相应增加。选购时还可以通过看茶叶包装上的标签、标志是否齐全进行辨别。

"QS" 标志

带有"QS"标志的产品，就代表着经过国家的批准，所有的食品生产企业必须经过强制性的检验合格。所以，正规销售的茶叶在包装上必须有"QS"标志，经销商如果没有取得"QS"认证资格，是没有资质对茶叶进行包装出售的。

那么，获得"QS"认证的食品包装标签都包括哪些内容呢？我国在2009年颁布的《食品安全法》中有明确规定。对于预包装食品，包装上的标签应当标明：名称、规格、净含量、生产日期；成分或者配料表；生产者的名称、地址、联系方式；保质期；产品标准代号；生产许可证编号等。

所以，大型商场、超市里，茶叶包装都很规范，不仅有品名、原产地、生产日期、保质期，还有食品流通许可证号、生产许可证号以及 QS 食品市场准入标志等。茶叶进行分装的，小包装也必须标注商标、厂名厂址、执行标准、保质期等内容。散装茶叶要在外包装上标明生产日期和保质期，茶叶市场内则需要公示茶叶检测信息等内容。

购买时应认真看清茶叶外包装上的 QS 号，并可以通过国家质检总局官方网站的食品质量安全市场准入信息系统查询该 QS 号是否存在，以及登记的企业信息是否和外包装上标注的信息一致。

"绿色食品"标志

现代人越来越关注食品安全，人们对天然绿色食品的追求日益迫切。绿色食品茶是由专门机构认定、使用绿色食品标志的产品。绿色食品为 AA 级和 A 级。AA 级绿色食品茶与有机茶要求相近，在生产过程中不得使用化学合成物质。A 级绿色食品虽可使用化肥、农药等化学合成物质，但也有严格的标准。经过权威部门认证的绿色食品茶，在包装上都有专门的认证标志，揭开标志涂层，可拨打标注电话鉴别其真伪。

地理标志保护产品标志

地理标志产品，是指产自特定地域，所具有的质量、声誉或其他特性在本质上取决于该产地的自然因素和人文因素，经审核批准以地理名称进行命名的产品。《地理标志产品保护规定》充分体现了统一名称、统一制度、统一注册程序、统一标志和统一标准的"五个统一"的原则，有利于避免买到不正宗的产品。如今，很多地区的名茶获得了国家地理标志产品保护，在包装袋上会有地域保护标志。

"防伪标签"

"防伪标签"好比是茶叶的"电子身份证"。贴有"防伪标签"的茶叶，可以通过网络、电话查询辨别真伪，一般在输入代码后，就可知道买的是不是正宗茶叶。

选茶也要因地制宜

水土不服不光出现在人身上，在植物身上也有，比如茶。在选购茶叶时一定要选择原产地的，同时，本地人最好喝本地茶，这样才更能喝出健康来。

一定要选择原产地的茶

一定要选择原产地的茶。比如云南的砖红壤很适合大叶种茶树的生长，那么多老茶树的品质都非常优秀，可是种铁观音就是不佳。在大理引种了很多年的铁观音，品质比福建的差了很多。铁观音必须生长在福建丘陵地区的碎石土中。再如，大名鼎鼎的冻顶乌龙虽然与大红袍同种，现在名气也很大，可是在中国台湾种出来就不是大红袍了，只能是冻顶乌龙。所以茶的原产地非常重要。

在搞清楚原产地的基础上，还要搞清楚茶园的位置，看看茶园是否容易受到其他污染。龙井茶有的茶叶铅含量超标了，反复查找原因发现生长和制作过程都没有问题。后来发现原来是这样的，有一片茶园靠近高速公路，汽车尾气中的铅被茶树吸收了。此外，相对来说，高山茶比低地茶的品质要好一些。高山茶园云雾缭绕，昼夜温差较大，有利于茶叶里有益物质的积存。

本地人最宜购买本地茶

"一方水土养一方茶"，不同的地理环境、生态环境孕育出不同的好茶，滋味各不相同。生活在不同的地理环境中，由于受到不同水土性质、气候类型的影响，各地所产食物有所不同，从而形成了不同地区人的饮食生活方式。正所谓"一方水土养一方人"，一个人生活在这片土地上，食用这片土地长出的东西，才最健康。比如广东、福建人多喝乌龙茶；少数民族地区则喜喝砖茶。

本地茶和外地茶比较起来，本地人对本地茶会更了解，而且本地茶价格也相对便宜，购买时不容易上当受骗，买得实惠，喝得放心，喝了也最养身。

卖茶地点很重要

有的超市这边卖茶、那边卖肉，这样茶就很容易被二次污染。不仅味道易变，也容易滋生细菌。有的茶店在售卖散茶时不加盖，也很容易出问题。放在玻璃缸或陶罐里的茶，加了盖子，温湿度适宜，茶的品质就相对有保障。

沿坡地修筑的茶园梯田，四周有树林做屏障，保证了茶叶的质量

尽量不在旅途中买茶

旅途中的茶叶质量难以保证。一种情况是导游推荐的，名为免费，实则价高质差；一种是游客自己去茶摊买，因为你不是回头客，所以通常价格要比当地人购买贵很多，而且是以次充好，以普通茶充当名茶。

茶叶怕挤压和湿气。旅途中行装贵精不贵多，买一些茶叶既怕压碎，又怕颠簸导致外形受损，还害怕受潮，比较棘手。

茶性易染。在旅途中很难控制各种气味，茶叶很容易串味。

少买挑担茶

挑担茶很难保证茶叶的卫生。且不说挑担茶的产地土壤是否合格、重金属的残留是否超标、生长过程中是否施用了过量的化肥和农药、加工过程的卫生状况如何，单就挑担茶在售卖过程中、路途上有无被污染，在众多客人品鉴挑选过程中有无受到交叉污染来看质量就很难保证。

选购茶叶须"货比五家"

俗话说，一分价钱一分货，但是在茶叶市场上，很多时候会出现茶叶价格比实际质量偏高的情况。通常购买货物时会说货比三家，而购茶须至少货比五家。

从事茶叶生意 20 多年的一位茶商说，茶叶的价格每千克从几十元到几千元不等，由于大多数茶店的茶叶定价无统一标准，销售过程中难免出现质价不符的现象。比如，原本每千克 200 多元的茶叶报价达 1500 元，不懂茶叶的人购买无疑要挨"宰"。

更有人买茶时直接就问，有没有多少钱的什么茶。这样的买茶人可谓是茶商的"上帝"，他们把平时没有这么高价格的茶叶拿出来，以次充好。摸不清行情的购茶者禁不住一番专业的介绍就掏钱买了。

在茶店买茶时，很多茶老板和店员在给顾客试茶时都会察言观色，"看人下菜碟"。如果他们觉得你是不懂茶的顾客，就会拿一般的招待茶泡给你喝，你若觉得好喝问价钱，就由他们说了算。如果顾客追求"高档茶"，他们更是求之不得，会装成很神秘的样子，从某个私密处拿出一些茶，说是镇店之宝，世间稀少，一般人还见不着，接着向你灌输"喝茶讲究缘分""好茶可遇不可求"等"茶文化"，说得云里雾里，顾客就这样情不自禁地掉入他们的圈套，吃了哑巴亏。

所以，不懂茶的人买茶，不管老板拿什么档次的茶给你，也不管老板如何巧舌如簧，你都要不动声色，如果感觉茶不错，也不要急着买，至少"货比五家"，从色、香、味、形等方面鉴别，这样才不至于上当。

看品牌，选择老字号茶店

茶叶的选购不是易事，要想得到好茶叶，最好还是去一些老字号茶庄，如吴裕泰茶庄、张一元茶庄等。

吴裕泰茶庄

吴裕泰成立于光绪十三年（1887年），目前为北京吴裕泰茶业股份有限公司，由吴裕泰茶栈、吴裕泰茶庄发展演变而来，至今已有130余年的历史。

该公司是销售茶叶、茶制品以及茶具等茶衍生产品的专业公司，是国家商务部首批认定的"中华老字号"企业。公司目前有500余家连锁店，分布于北京、天津以及华北的大中城市，店铺数量位居国内同行业之首。

张一元茶庄

中华老字号张一元茶庄是中国茶叶行业里的金字招牌，自清光绪二十六年（1900年）成立至今，已有120多年的历史。老北京人喝茶，为什么就认张一元茶庄呢？因为这里的茶"汤清味浓，入口芳香，回味无穷"。

张一元茶庄的创始人叫张昌翼，安徽歙县人，1869年生于北京，从小学做茶。1900年，张昌翼在花市开办了第一家店，取名"张玉元"。1908年，他在前门观音寺街开设了第二家店，取名"张一元"，比"张玉元"更好记、更有寓意。1910年，他在前门大栅栏街开设了第三家店，同样取名"张一元"，为区别前一家店，该店也称"张一元文记"茶庄，也就是现在张一元总店的前身。

选择适合自己的茶

无论买什么茶，大家都需要有自己的衡量标准，主要有以下几个方面。

要适合自己的体质

绿茶属不发酵茶，多酚类物质含量较高，收敛性较强，容易刺激肠胃，过敏体质者喝对胃的刺激较大；胃寒的人也要尽量少喝绿茶，特别是较浓的绿茶。绿茶抗辐射的作用最强，尤其适合整天面对电脑的上班族。红茶属于全发酵茶，刺激性较弱，相对比较温和，尤其适合脾胃虚弱者饮用。普洱茶属于后发酵茶，活性物质的含量高，有降脂、降压的作用，长期饮用，对高血压与动脉粥样硬化有一定的缓解作用。

总之，一定要选购适合自己体质的茶，而人的体质是不断变化的，因此，大家要根据个人的体质去调换不同的茶来喝，特别是要根据气候的变化来转变。

判断茶叶是否适合自己，要看饮用后身体是否出现不适症状，主要表现为：一是饮茶后容易出现腹（胃）痛、大便稀烂等肠胃问题；二是出现过度兴奋、失眠或者头晕、手脚乏力、口淡等。如果尝试某种茶叶后感觉对身体有益，可继续饮用，反之则应停止。

要适合自己的口感

在买茶的时候，建议大家买口感适宜、价格能接受的茶。那些有故事的茶叶虽然炒得很贵，但是贵并不一定是你喜欢喝的。无论是西湖龙井、金骏眉、大红袍还是普洱茶，对所有的茶叶有个对比，你才能知道哪一款茶更适合自己的口感。

不要过于注重级别，要看品质

据内行介绍，同样的茶叶，不同的茶叶店会报出每千克 400～2000 元不等的参考价。这种情况下，不懂茶叶的消费者根本无法通过价格来判断茶叶质量的好坏。所以，不看茶叶品质，却只看价格，不仅会多花冤枉钱，而且也买不到好茶。

茶叶的价格主要由品质和级别决定。品质主要指茶叶的产地和树种，级别则由采摘的芽叶和加工工艺决定，例如，西湖龙井的级别主要和采摘时间、采摘部位有关，嫩芽、一芽一叶、一芽二叶价格就相差不少，同样是龙井，清明前采摘的明前茶是最贵的。同样的茶叶，手工制作的通常要比机器加工的贵。所以，大家在购买茶叶的时候，重品质、轻级别；喝茶时，重品饮、重养生。

其实，平常老百姓没必要买高档茶或高价茶，完全可以依据个人经济能力和不同的口味进行选择，建议选择 100～300 元一斤的茶，这个价格也可以买到品质很不错的茶叶。有些级别高的茶采摘时间太早、芽叶采摘太嫩，而茶的一部分营养恰恰是在茎里，这样，有些采摘一芽二叶或一芽三叶制成的便宜茶，养生效果可能更佳。

不过分追求新茶

新茶和陈茶是相对的概念。大体来说，绿茶、黄茶、红茶都不应该超过 1 年，超过这个时间，无论使用什么高超的保鲜技术，茶叶的色、香、味、韵都会减弱成"有形而无神"；而黑茶、普洱茶、白茶的陈茶更为贵重，认为白茶约在 10 年、黑茶和普洱茶约在 15 年的时候达到最佳品饮年份。乌龙茶是半发酵茶，所以有一部分茶友追求喝新茶，因为香气高扬；一部分茶友喜欢放一放，待到火气消除再喝，追求口味醇厚，这些都是可以的。笔者喝过 30 年的老乌龙，味道也非常不错。

不要过分迷信明前茶

明前茶是最近几年炒得比较热的一个概念，尤其是对贵新的绿茶来说。对消费者而言，直接影响着购买价格。

"明前"是个时间概念，明前茶主要针对绿茶，因为绿茶贵新，尤其是小叶种、成形细嫩的绿茶。如西湖龙井，崇尚清和之味，韵味在淡中追寻，明前的龙井茶就如同青涩少女，纯真宛然，能够很好地体现龙井的这一特点。而至于其他种类的茶，红茶需要全发酵，普洱茶重在陈放，对是否明前没有实质性的必要；乌龙茶的质量很大程度上取决于摇青、走水、炭焙等工艺的水平，是否明前也不是考量因素。就连绿茶中也并非都是明前茶最好，比如滇绿、琼绿。云南、海南很多茶山在清明前就已经气温较高，茶叶早已发芽展叶，明前茶甚至都已属老茶。此外，也有一些高山绿茶要明后甚至谷雨才发第一拨芽，根本就没有明前茶可用，所以不必看重是否"明前"。

第二章

存放有讲究
收藏成古董

导致茶叶变质的环境因素

茶叶吸湿及吸味性强，很容易吸附空气中的水分及异味，贮存方法稍有不当，就会在短时期内失去风味，而且越是轻发酵、高清香的名贵茶叶，越是难以保存。

通常茶叶在贮放一段时间后，香气、滋味、颜色会发生变化，原来的新茶味道消失，陈味渐露。

导致茶叶变质、陈化的主要环境条件是温度、水分、氧气、光线和它们之间的相互作用。

温度越高，茶叶越容易变色，且茶叶中的茶多酚等有效成分氧化得越快，茶叶的品质也就下降得越快，绿茶尤其如此。低温冷藏（冻）可有效减缓茶叶变色及陈化。

茶叶中水分越多，就越不容易保存。一般来讲，茶叶中水分含量超过5%时会使茶叶品质加速劣变，并促进茶叶中残留酵素氧化，使茶叶变质。因此，茶叶必须存放在干燥的环境中，密封性不是很好的容器更应该注意存放环境的干燥性。

光线照射对茶叶会产生不良的影响，光照会加速茶叶中各种化学反应的进行，从而促使其变质。所以茶叶最好不要放在阳光能够直接照射到的地方，即使是不透明的容器也同样要注意避光。

保存茶叶的注意事项

茶叶是一种有点娇贵的饮品，如果储存不当，很容易失去清香的气味。如果有喝茶的习惯，最好随买随喝，如果买回家存储，要注意防高温、防潮、避光、密封等。

保存茶叶时，除了要注意防高温、防潮、避光外，还要注意以下几点。

♦ 密封

密封是保存茶叶最为基本的要求，容器的密封性越好，茶叶也就会保存得越好，保存时间也就越长。

♦ 防异味

茶叶对异味具有很强的吸附能力，这就要求不仅存放茶叶的容器本身没有异味，且存放茶叶的环境也不可有异味。因此，绝不可以将茶叶放在食物旁边，更不能将茶叶放在厨房中，香皂、樟脑等物品也不要放在茶叶附近。

♦ 防压

对于散茶来讲，为了保持茶叶的完整性，应当将茶叶放在不会受到压挤的茶叶罐中保存。否则，被压伤的茶叶会影响饮用和观赏。

茶叶的一般保存方法

家庭购买茶叶时，如果是散装茶，买回后要合理贮存，否则茶叶很容易变质，以下就推荐几种家庭常用的保存茶叶的方法。

茶叶罐装贮存法

这是家庭最常用的保存茶叶的方法，可选用铁罐、不锈钢罐或质地密实的锡罐。如果是新买的罐子，可先用少许茶末置于罐内，盖上盖子，上下左右摇晃后倒弃，以去除异味。装有茶叶的茶叶罐应置于阴凉处，不要放在阳光直射、有异味、潮湿、有热源的地方，以减缓茶叶陈化、劣变的速度。

食品袋贮存法

选择两个较厚实、密度高的食品袋，在第一个食品袋里装入茶后将空气挤出，然后用第二个食品袋反向套上。也可以先把茶叶用干净、无异味的牛皮纸包好，然后放入食品袋中封口保存，如果有条件，还可将其放入密封、干燥、无异味的铁罐或不锈钢茶叶罐内保存，效果更好。

暖水瓶贮存法

用保温性能好的暖水瓶、保温瓶贮存茶叶，效果良好。方法是将干燥的茶叶放入干燥的暖水瓶内，茶叶装满，以减少瓶中空气的留存量，然后用软木塞盖紧，在瓶塞周围涂一层白蜡封口。

冰箱贮存法

　　研究表明，将茶叶贮存的环境温度保持在5℃以下，保存茶叶的效果最好。家庭可以把茶叶放入食品袋或茶叶罐以后，封口、密闭，放入冰箱内保存，也可使用专门的冷藏库保存。但注意最好不要与其他食物混放，以免茶叶吸附异味。另外，如果一次购买大量茶叶，应先进行小包或小罐分装，再冷藏，然后每次取出一小包或一小罐来冲泡，不宜将同一包茶反复冷冻、解冻。

干燥剂贮存法

　　使用干燥剂可使茶叶的贮存时间延长到一年左右。干燥剂的种类可依茶类而定。贮存绿茶，可用块状未潮解的石灰；贮存红茶和花茶，可用干燥的木炭；有条件者，也可用变色硅胶。

各种茶叶的保存

茶叶的保存与茶的品种有关，不同的茶也不一样。一般来说，都需要密封、低温等。

◆ 绿茶

经常喝的茶叶可以存于铁罐中，放在阴凉、避光处，一定要做好密封工作。比较高级的绿茶建议放在冰箱中保存，注意冰箱的清洁，最好有单独存放茶叶的小冰室。

◆ 红茶

红茶可以放在密封的塑料袋或者铁罐、锡罐中保存，只要达到避光、阴凉的要求即可。

◆ 乌龙茶

普通的乌龙茶可放在密封的塑料袋、铁罐、锡罐中保存，注意密封、避光和阴凉。比较高级的乌龙茶最好密封放在冰柜中。

◆ 白茶

白茶营养价值很高，保存方法和高级绿茶一样，最好放在冰柜中密封保存。

◆ 黄茶

黄茶储存要注意密封、避光，可以将石膏烧热捣碎，铺于箱底，上垫两层皮纸，将茶叶用皮纸分装成小包，放在皮纸上面，封好箱盖。但是要注意适时更换石膏，黄茶的品质才能经久不变。

◆ 黑茶

通风、干燥、无异味是黑茶保存的基本条件，如果出现了黑霉、绿霉、灰霉就说明茶已经发生霉变了。保持通风干燥对于存放黑茶是最重要的，如发白毛的情况严重，可用毛刷、毛巾之类柔软的纺织品去除表层的白毛，之后，在通风处存放几日即可饮用。但是，霉变后若不及时处理，出现黑霉、绿霉、灰霉就不能饮用了。

◆ 花茶

常温、避光保存即可。此外，密封非常重要，花茶的香气容易和其他味道混合。带密封口的塑料袋、铁罐和锡罐都适合保存花茶。

新茶和现炒茶不要立即饮用

有些人买回新茶和现炒茶后，回家就饮用，会出现不适症状。这是因为茶叶中的一些物质对人体器官造成了刺激。因此，新茶和现炒茶要存放一周才能饮用。

对于绿茶来说贵在新。很多人都喜欢明前茶，因为这时的绿茶非常幼嫩，滋味清新。可是明前茶买回去如何饮用呢？不能马上就喝，得先包好了，放在有石灰的缸里十几天后再喝。新茶虽然滋味清新，但里面有很多物质来不及转化，这些物质对人体的刺激比较大，尤其是对胃黏膜和肠道菌群。所以喝了新茶，可能会导致失眠、烦躁、心律短暂性失常、胃疼、胃溃疡加重或者腹泻等。

很多茶商喜欢在店里支着锅现炒茶。不论炒茶的技术如何，现炒茶必须存放至少一周才能饮用。现炒茶属火性，必须等待火性退去，才能显现醇和之气。若火性不退，对人体是有损害的。茶叶中的茶多酚类物质含量太高会使人体不适，必须等待多酚类物质适当氧化后才能饮用。

陈年黑茶的收藏价值

黑茶保健功能在得到消费者认可的同时，其收藏价值亦逐渐被消费者所青睐，价格一路走高。

黑茶为何以陈为贵

通常情况下，茶以新、嫩为贵，陈茶则易变质失味，饮用价值大打折扣。但黑茶却以陈为贵。

黑茶特性独特，泡茶存放可几天不馊，干茶保存好不会长霉。黑茶在加工初期进行了杀青或炒青，钝化了茶叶中的氧化酶。但在加工中后期，黑茶又进行了渥堆发酵工艺，通过微生物培养，产生氧化酶，与茶叶中的茶多酚发生氧化反应。所以黑茶也呈现出浓重的色感、味感。且由于微生物一直处于活跃状态，茶多酚氧化反应一直在进行。黑茶这种随着年代久远逐渐变性而不变质的独特品质，使收藏变得有意义。

哪些黑茶增值空间大

部分年份的黑茶具有划时代的意义，增值空间也较大，这些茶不少已成为孤品，如 20 世纪 40 年代生产的黑茶砖，50 年代的千两茶，天尖茶、贡尖茶、生尖茶，60 年代初期的花砖茶等，都是湖南紧压茶的起始产品。

黑茶中的千两茶在 20 世纪 50 年代已绝产，存世稀少，因此更具收藏价值及升值空间。目前珍藏于世的陈年千两茶屈指可数，大英博物馆、日本茶叶研究所、中国茶叶研究所、安徽农业大学、台湾坪林茶叶博物馆和千茂茶业、湖南茶叶进出口公司各有一支，均为不可再得的珍品。故宫博物院存放的一支，估价已不止300 万元人民币。

如何鉴别湖南安化黑茶的年代

对于安化黑茶收藏爱好者而言，学会鉴别其年代是非常必要的。可通过仔细观察安化黑茶的商标和包装演变来鉴别。

湖南省白沙溪茶厂自 1950 年以来精制加工的安化黑茶前后使用过五角星商标和中茶商标。自 2000 年起使用白沙溪版商标，每一片茶砖均有商标纸包装，变化以安化黑茶砖为多。

◆ 商标的演变

1966 年以前安化黑茶砖包装采用五角星商标，为五角星图案，版面全印黑色，上方两行印"安化黑茶砖"五字，下方分两行印俄文厂名，文字按从右至左排列。

1967 年"安化黑茶砖"之五角星商标改印红色，上方五字未变，下方厂名改印为"湖南省白沙溪茶厂压制"十字，均按从左至右排列。

惊人的天价

ᵛ 2002 年，白沙溪库存的一支千两茶即被一日本客商以近 200 万元人民币的价格买走，这支千两茶曾在某个海外私人藏品拍卖会上现身，并最终以折合近 500 万元人民币的价格成交。

ᵛ 2005 年，中央电视台《鉴宝》栏目对一篓 53 年前产自白沙溪茶厂的黑茶进行验证鉴评，专家评估价达 48 万元，轰动了茶叶界和收藏界。

ᵛ 2008 年，第五届中国茶业博览会在中国国际贸易中心举办，在此次展会上，由白沙溪茶厂生产的奥运纪念版"千两茶"以 200 万元的天价被神秘买家购买，成为本次茶博会上当之无愧的"茶王"。

ᵛ 2009 年，在湖南首届陈年黑茶品鉴拍卖会上，一块 300 年前的安化黑茶，以 22.4 万元成交。

1970年"安化黑茶砖"更名为"安化黑砖茶",其商标也改为"中茶",即由八个红色的"中"字围绕一个绿色的"茶"字的圆形图案,2000年改为"白沙溪"牌。

安化花卷茶使用"中茶"商标,1958年花卷茶改制成安化花砖茶后仍使用"中茶"商标,2000年改为"白沙溪"牌。

天尖茶、贡尖茶、生尖茶一直使用"中茶"商标,2000年改为"白沙溪"牌。

● 包装的演变

1940年每片砖用折表纸及印有商标的皮纸各包一层,外包装用全干枫木板制箱油裱,箱底及四角内边夹棕片一层以不露枫木板为准,箱外包箬叶两层、棕衣一层、篾制花篓一层,后因棕片昂贵,减去箱外棕衣,改包箬叶三层。1940年用铅罐。1941年起改用棕片。

1950年后,篾箱逐步由三层改为一层,棕片箬叶逐步减少直至完全不用。1961年曾用七层牛皮纸袋包装,1963年外包装改用麻袋,用纤维绳捆成十字形。1978年改捆铁皮打包带。1980年又改捆塑料打包带,并由两根捆十字形,改用四根捆井字形,增加包装的牢固度。

砖茶内包装于1958年由皮纸改为60克白板纸,1973年改为60克牛皮纸。

包装规格

∨ 12式箱,分2垛,每垛各6片;27式箱,分9垛,每垛各3片,也有分3垛的,每垛各9片;24式箱,分3垛,每垛各8片;20式箱,分2垛,每垛各叠10片。

各种产品的唛头颜色标志

∨ 红色为天尖茶、茯砖茶;绿色为贡尖茶、花砖茶;黑色为生尖茶、黑砖茶、黑条茶。

如何鉴别雅安藏茶的品质

雅安藏茶是典型的黑茶，广义的雅安藏茶包括传统藏茶（又称南路边茶、边销茶）和新型藏茶。传统藏茶主要产品有康砖、金尖。狭义的雅安藏茶仅指选用优质原料，运用传统工艺原理研制开发的新型藏茶，主要产品有紧压藏茶、散藏茶、袋泡藏茶、藏花茶、收藏藏茶、装饰藏茶等6大系列100多个品种。

雅安藏茶由于采用独特的渥堆工艺，使苦涩味较重的儿茶素充分转化为滋味醇和的茶色素，加之有益霉菌的作用，使其具有干茶黑褐油润、汤色红浓明亮、滋味醇和滑润且陈香浓郁的品质特征。

鉴别雅安藏茶的品质优劣，同样采取看干茶、闻香气、观汤色、尝滋味、摸叶底的方法进行。

品质好的藏茶干茶颜色黑褐油润，散茶外形均匀，紧压茶紧度好，表面光滑，四周整齐；反之则品质差。

开水冲泡或者适当熬煮后，藏茶汤色红浓明亮、赏心悦目，滋味醇和滑润、茶香浓郁的为优质藏茶；反之则品质差。

叶底是鉴别茶叶品质的重要因素。好茶叶底滑润匀整；反之则品质差。

芽细藏茶，又称芽细、雅细，是历史文化名茶——雅安藏茶的一个传统品种

可以喝的古董：普洱茶

近年来，普洱茶收藏受到追捧，收藏普洱茶的人也在不断增多，普洱茶的珍藏版也层出不穷，曾经的"灰姑娘"终于走进了高端市场的行列。

普洱茶可以长期储存和越陈越香的特点，决定了其具有收藏和投资的价值。普洱茶是后发酵茶，存放的年份越久则品质越好，这是其他茶类所不具备的特征，所以经营普洱茶风险较小，卖不出去的茶叶隔年还可以增值，商家都愿意经营，这不仅可以降低普洱茶的经营成本，而且可以带动普洱茶收藏，促进普洱茶消费。

明确目的

普洱茶的最终利用价值是供人饮用，所以个人在买普洱茶的时候，最好一筒加一片，一筒是用来藏的，一片是自己拿出来喝的。一般新茶陈放五年就可以喝了，而且新茶的价格很低。陈化后的普洱茶价格就比较贵了，所以普洱茶收藏也为自己以后喝到普洱陈茶做准备，是为未来省钱。

喝不完的普洱茶来年还可能会升值

鉴别年代

那么，如何鉴别普洱茶的年份？可以按照以下几点。

♦ 看茶叶外观

新普洱茶外观颜色较新鲜，多为黄绿色，带有白毫，且味道浓烈；陈茶由于经过长时间的氧化作用后，茶叶外观会呈枣红色，白毫也转成黄褐色。

♦ 区别包装纸颜色

通常陈年普洱茶，其包装的白纸已随时间的转移变得陈旧，纸色略黄，因此可以从纸质手工布纹及印色的老化程度判断普洱茶的年份。但这只能作为参考，非绝对依据，因为可能有些不法商人会利用这一点，以陈黄的包装纸包装次品。

通常陈年普洱茶，其包装的白纸已随时间的流逝变得陈旧，纸色略黄，因此可以从纸质手工布纹及印色的老化程度判断普洱茶的年份

选择茶品

　　面对市场上五花八门的普洱茶，究竟哪种普洱茶才有收藏价值？首先得清楚自己收藏的目的与经济实力，如果具备一定经济实力，而且收藏的目的是为了升值或自己品饮的话，那么可以选择价格日渐上升的古树茶来收藏。因为古树茶本身原材料稀少，又天然、环保，没有污染，不存在农药残留，而且内含物质丰富，香气浓，回甘强，口感好，滋味醇，经久耐泡。

　　次之的可以选择一些小厂的茶园茶，但是，前提是必须懂得鉴别普洱茶的品质，或有懂茶的朋友协助，价格也是在相当于批发价的基础上才可以考虑，如果是市场价就要慎重一点了。因为，同等品质，收藏的价格越低，越方便自己以后出手！

做好归档

　　购回茶后，要做好普洱茶收藏记录，要分门别类对购茶的时间、地点、厂家、品种、等级、名称以及是否为生态茶等认真记录，以备日后鉴赏和交易。建议在茶品商标附近加盖自己的收藏印章（或加贴一张自己的收藏印章），名人收藏的名品日后升值的空间将会更大。

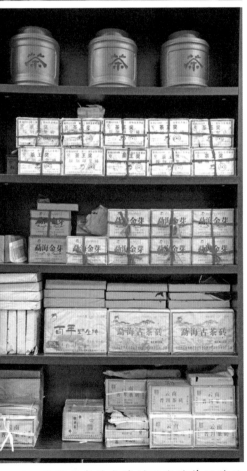

品质优良的古茶树所产的普洱茶是目前收藏的热点

说不清的年限茶

很多人说普洱茶越陈越好，因此有人以追求普洱茶的年限为荣，其实并不是绝对的。这涉及如何辨别普洱茶的年限，以下知识可供普洱茶爱好者入门了解。

一般而言，通常将普洱茶的年份进行如下划分：

◆ 1950 年以前

这一时期生产的普洱茶称为"古董茶"，如百年宋聘号、百年同兴贡品、百年同庆号、同昌老号等。通常在茶饼内放有一张用糯米所制作的印有如上名称的纸，称为"内飞"。

云南七子饼茶

◆ 1950—1968 年

这个时期的茶称为"印级茶品"，也就是在包装纸上将"茶"字以不同颜色印出来，红印为第一批，绿印为第二批，黄印为第三批。

◆ 1968 年以后

这时生产的茶饼包装不再印"中国茶业公司"字号，改由各茶厂自选生产，统称"云南七子饼"，包括雪印青饼、73 青饼、大中小绿印、小黄印等。

普洱茶好在一个"陈"字上，"越陈越香"及"陈韵"是普洱茶爱好者最为推崇的。然而，普洱茶陈化的年代寿命，到底是 60 年，还是 100 年，抑或是数百年，没有定论，往往只靠品茗者直觉判断其陈化的程度。如福元昌、同庆号普洱茶的陈化已到了最高点，必须加以密封贮存，以免继续发酵，造成茶性消失，品味衰退败坏。故宫的金瓜贡茶陈期已有一两百年，其茶汤有色，但茶味陈化、淡薄。

目前市场上很难买到陈化期 30 年以上的茶品，如果有商家向你推荐这样的产品，你一定不要轻信。

乌龙茶的收藏

由于顺滑的口感和神奇的保健功效，陈年乌龙茶一直为茶友私家收藏，近年来，陈年乌龙茶的粉丝暴增，甚至还成立了乌龙茶收藏品鉴中心。

闽粤钟爱铁观音

随着品饮陈茶的人群不断扩大，"越老越值钱"如今已非普洱茶专有，陈年岩茶、陈年铁观音的消费开始逐渐升温。

普洱茶是茶中以"陈"取胜的茶类，但闽粤历来钟爱的陈茶不是普洱茶，而是铁观音等乌龙茶。

在潮汕地区有一句老话："一年是茶，三年是药，五年是丹，八年是宝。"据了解，在民间一直流传着，陈茶有解暑、去毒、消积止泻之药效。事实上，闽粤许多山区乡民都有存茶当药的习俗，方法是将干茶叶纳于掏空的柚子中，然后用线扎牢封好，置厅堂香案之上自然风干，或者挂于灶头上任凭烟熏火燎。如遇风寒感冒或中暑腹泻，便将陈年柚茶取出，放于陶罐中大火熬煎，倒出时茶汤浓黑如膏，入口亦苦涩如药，百窍俱通。

具有收藏价值的高级乌龙茶：银乌龙

银乌龙，产自福建安溪县，由台湾上等乌龙茶种培育而成，优选上等高山乌龙春茶，经制茶名师焙制而成。其特点是口感细腻、香气持久，而且时间越久茶叶越纯越香，具有一定的收藏价值。银乌龙曾经一度在广东掀起一阵收藏热潮。

有的人一买就是几十斤、上百斤放在家里，再买一个大土罐，就像放陈年好酒一样，随时可以拿出来泡着喝。

来自中国台湾的两款顶级乌龙茶

2010 年，中国茶叶博物馆馆藏了两款来自我国台湾的顶级乌龙茶珍品"顶级福寿山茶——毒药"和"吊桥头乌龙茶"。

众所周知，迪奥的"毒药"香水让人无比依赖又无法抗拒，那么来自中国台湾的乌龙茶为何自诩为"毒药"呢？

它的味道有股特殊的果香，回味久远，特别经久耐泡，喝完之后还会再想喝，会让人上瘾、难以忘怀。所以，台湾好茶者给这款极品乌龙茶送上了"毒药"的"尊号"。《两岸乌龙名茶》一书将其列为台湾顶级且最稀有的乌龙茶品。

300 万元天价的古董级乌龙茶

∨ 2014 年 4 月 18 日于宝安开幕的宝安茶博会上，产自 1938 年的古董级乌龙茶已经被炒到了 300 万元的天价，但专家称该茶已无食用价值，仅有收藏纪念价值。

∨ 20 世纪 80 年代，国际奢华品牌 Dior（迪奥）推出了旗下第一款"Poison"毒药香水后，它那独出心裁的大胆命名和洋溢极致诱惑的香料，开启了长达 30 多年的魅惑传奇。

"吊桥头乌龙茶"生长在海拔2300米的大庾岭和合欢山一带，据说泡出来的味道"柔中带刚"，并带有一股特殊的花香。

为什么这两种茶叶如此特别？原来，这两种乌龙茶都生长于我国台湾海拔2000米左右的高山上。特别是"毒药"，更是产自海拔高达2400米的福寿山上，那里午后常常云雾缭绕，是目前台湾栽种茶叶海拔最高的产地。

长在如此"仙境"中的茶叶，无污染、无虫害、日照充足，并且因为气温冷凉，茶叶的生长很迟缓，蓄积了较多的养分与各种维生素及芳香、味甘物质。

> ∨ 据说，澳门威尼斯人集团在合欢山系的茶叶产地，直接聘请经验老到的台湾制茶师傅，把茶叶制成茶干后运出去，提供给澳门赌场顶级客人饮用，客人反映极佳。而比赛冠军级的"顶级福寿山茶"，一杯茶汤的价值约为3万元。

不是所有的茶都越陈越好

陈茶的原香已淡，只剩一股带陈味的余香。但泡出的茶汤，一直都较新茶更为醇厚甘爽。这是因为经过岁月的冷热催化，新茶中易挥发的物质挥发了，易变化的变化了，沉淀下的多为比较稳定的精华，才使陈茶汤有如此的厚实内涵。

但不是所有的茶都能越陈越香、越陈越好。以铁观音为例，它属于半发酵茶类，其发酵程度介于绿茶和红茶之间，但商家为了迎合现代人的喜好，追求清香口感，多以绿茶（不发酵茶）的做法制作，缺少了传统的前期制作发酵过程，因此，并不能越陈越香，必须新鲜饮用。陈茶收藏，必须选用传统方法焙制的茶品。

红茶的收藏

很多人都知道喝红茶有很多好处，而不知红茶也具有收藏价值。收藏红茶很重要的方面是要选择具有收藏价值的红茶并正确储存。

红茶也是可以收藏的，如云南滇红红茶、古树红茶、国宾红茶、红碎红茶，以及福建的正山小种红茶。

不过，在收藏红茶时会出现这样的情况：三年过后，茶叶茶汤会变得浑浊暗淡难以下口，这时候不要丢掉，继续留存；到了第五年时，茶叶品质会开始变化，变得汤色渐渐红亮；到了第七年，茶叶茶汤开始红润如酒红色，茶汤香气很锋锐。若是存放七年，这样的红茶已可遇不可求了。

收藏红茶的关键是收藏的底料如何。红茶家族中最值得收藏的当数云南特定区域内大叶种茶树、百年以上树龄的古树，须经过七选八弃精制而成。采摘时必须选用同一区域内茶叶品质、叶形相对完整的芽叶，且在制作过程中茶叶不能出现一丝的破碎，不能出现任何机械掺夹的痕迹，否则茶叶的香气、口感就会变坏。

奇货可居的老白茶

由于产量少、保存不易等原因，白茶的收藏价值很高。关于白茶的收藏，民间有"一年茶三年药七年宝"的说法，十几或二十几年的白茶更是难得。

老白茶，即贮存多年的白茶，其中的"多年"是指在一个合理的保质期内，如 10~20 年。在多年的存放过程中，茶叶内部成分缓慢地发生着变化，香气成分逐渐挥发，汤色逐渐变红，滋味变得醇和，茶性也逐渐由凉转温。新白茶独有的"豪香蜜韵"呈杏花香，3~8 年为荷叶香，8~15 年有枣香，15 年以上呈药香。一般五六年的白茶就可算老白茶，十几二十几年的老白茶已经非常难得。

老白茶为何价值不菲

一、适合制作白茶的茶树品种很少，比较有名的白茶仅仅分布在福建福鼎、政和县一带，因此白茶的产量自然就很少，而适合长期存放的白茶就更少了，仅有银针、白牡丹、贡眉、寿眉等几个品种。

二、适合白茶茶树生长的环境少，只有福鼎、政和等闽东少数县市适合其生长。

三、制作工艺古朴天然，沿用古法，不炒不揉，适当摊晾，天然萎凋，适时烘焙，对制茶技术要求很高。

老白茶等级越高则价值越高

老白茶的收藏与红酒类似，要达到收藏级别，年份、等级越高则价值越高。如今，普通的白茶新茶售价一般为百十元到上千元一斤，而 20 多年的老白茶每

500 克价格可达七八万元，在市面上流通的陈茶年限多是 5 年左右。

疯狂背后的理性选择

鉴于老白茶市场的日渐狂热，喝茶人要客观看待，购茶须理性，切勿盲目炒作、投资。一些老白茶收藏爱好者需要先熟悉茶行业，深入了解之后再逐步加入茶叶收藏的行列。

真正意义上的老茶，大部分都是在温度湿度适中、通风透气、清爽无杂味的环境下缓慢自然发酵而成的，这样才能保证良好的品质，增加收藏价值。

一款老白茶的品质、产量、市场投放量等，直接决定了它的升值空间的大小。绝非一朝一夕就可以练成。

白茶可边喝边收藏

老白茶可遇不可求，对于新手来说，可以一边喝一边收藏，只要存放适宜，新白茶也能转化成老白茶。收藏的时候要注意茶叶的干度和湿度、避光、通风等储存条件，以免茶叶发霉变质。

老白茶成为新的投资渠道

- ∨ 近几年"老白茶"逐渐成为"淘茶客"的新宠，还有一部分精明的茶客将其作为一个新的投资渠道。

- ∨ 由于白茶的产量很少，物以稀为贵，老白茶自然会被炒热。最早在广东、香港等地，老白茶的市场行情被炒热，近年来才在北京、上海等一线城市受到关注。尤其是老茶资源的稀缺性，很多人就将老白茶作为一种投资。

- ∨ 2011 年在上海举办的豫园国际茶文化艺术节的拍卖会上，一块存放 20 年，净重 375 克，起拍价高达 13.8 万元的福鼎老白茶饼以 18.8 万元成交。

第四章

好水美器，泡好茶享受健康生活

茶是现代人的"福茶"

现代医学研究发现，茶叶中含有多种对人类健康有益的成分，故被评为21世纪最健康的饮料之一。

◗ 提神醒脑

茶叶中的咖啡因含量在2%~5%。咖啡因易溶于水，茶泡得越久，渗出的咖啡因越多。咖啡因是一种中枢神经的兴奋剂，能兴奋神经中枢，增强心脏功能；还能加强横纹肌的收缩功能，因而能使人消除疲劳，提高工作效率。

◗ 降脂降压

经常饮茶有利于降低血液中胆固醇和甘油三酯的含量，减少脂质在血管壁的沉积，具有预防动脉粥样硬化、降低血压、稀释血液、抗凝溶栓等功效。

◗ 防癌

研究发现，各种茶叶均有阻断亚硝胺产生的作用，其中以绿茶、乌龙茶的阻断作用最好，绿茶阻断率可高达90%以上。

◗ 解毒

茶能杀死胃肠黏膜里的细菌，起到消炎止泻的作用。故而，经常吸烟、喝酒的人，在生活中可以通过常喝茶水来解毒。

◗ 延缓衰老

研究发现，绿茶抗氧化功效好，绿茶中所含的抗氧化剂有助于抗衰老。

◗ 保护牙齿

茶叶中含氟量较高，能护齿、固齿、预防龋齿，且对牙齿有脱敏作用。饭后用第二泡或第三泡茶水漱口，对预防牙病有利。

各类茶叶的主要保健功效

我们之所以饮茶，主要是茶有一定的保健价值。由于加工工艺的不同，不同种类的茶内含物质的组分和含量有所差异，对人体的保健功效也就各有侧重。

茶类	茶性	主要功效
绿茶	性偏寒	清热解毒，杀菌消炎，抗辐射，防癌；降血压，降血脂；抗衰老
白茶	性凉	降低血糖；保护脑神经，增强记忆力；减少焦虑；改善睡眠
黄茶	性寒	保护脾胃；防止食管癌
乌龙茶	性平	健胃消食；消脂减肥，促进新陈代谢；降低血脂，降低胆固醇；防止肝脏脂肪堆积；润肤润喉，生津除热
红茶	性温	暖胃补气；促进血液循环；调节血脂；降低心脏病风险
黑茶	性温	养胃健胃；助消化，解油腻，顺肠胃；降低血压，调节血脂；防止肥胖

饮茶的最佳时间

中医理论认为，饮茶应"因时选择"，不同的时间饮不同的茶才能使茶的功效作用得到最好发挥。

一天之茶

有人将一天之茶总结为"晨绿，午花，晚黑、红"，即早晨应饮绿茶，中午应饮花茶，晚上应饮黑茶或者红茶。

一天之计在于晨，在早晨啜饮一杯淡淡的绿茶，可以提神醒脑、清心怡情，开启一天的好精神。中午，来一杯馨香馥郁的花茶，沉浸在花茶的芬芳之中，可缓解工作的烦躁和困顿，并能舒缓心情，提高工作效率。忙碌了一天之后，终于可以在晚上会会老友、陪陪家人，此时大家一起围"壶"而坐，交谈之余，共饮黑茶或者红茶，岂不美哉！

四季之茶

常言道："春饮花茶，夏饮绿茶，秋饮青茶，冬饮红茶、黑茶。"

春天是万物复苏的季节，人们需要将冬天积存在体内的寒气散发出去。而性温的花茶正是春季最好的选择，它不仅有助于散发寒气，还可以使人精神焕发、防止春困，如茉莉花茶、菊花茶和金银花茶。此外，常喝花茶还可以调节神经，促进新陈代谢，提高机体免疫力。

夏季气候炎热，适合饮用性寒的绿茶，可以清热解暑、生津止渴。

而当秋天来了的时候，可以饮用青茶，即乌龙茶。因为人在秋天容易秋燥，而乌龙茶不寒不热，有生津润喉、润肤益肺的作用，是秋天进补保健的佳品。

冬季寒冷，应注重御寒保暖，红茶、黑茶便是上上之选。红茶、黑茶性味甘温，可去寒暖胃，具有抗氧化、降血脂、抑制动脉硬化等功能。冬天饮用，可以补益身体，生热暖腹，增强人体抵抗力。但要注意的是，红茶、黑茶都适宜热饮，否则影响其暖胃效果。

饮茶的禁忌

茶饮虽有各种保健功效，但也不能随便饮用。要达到养生保健的目的，还要根据个人的身体状况合理选择茶饮配方，同时要避开不宜饮用的时间。

日常饮茶的注意事项

1.忌大量饮新茶。新茶是采摘不久的茶叶，因为放置时间过短，所以茶叶中的多酚类物质、醛类物质等还没有完全氧化，会对人体造成不利影响，长时间饮用易引发腹胀、腹泻等肠胃不适症状。

2.忌用茶服药。茶富含多种化合物，用茶水服药会引起化学反应，使药效降低或完全丧失，甚至危害健康。因此，不要用茶水送服药物，服药前后两小时内最好不要饮茶。

3.忌饮冷茶。茶宜热饮，冷茶喝下去会使脾胃寒冷，但是茶温也不宜过高，一般以不超过60℃为宜。

4.不宜空腹饮茶。空腹饮茶容易引起"茶醉"，即头晕、乏力，伤害脾胃，不利健康。一般情况下，进餐时不宜饮茶，饭后也不宜立即饮茶，否则会影响身体对钙、铁等营养物质的吸收。

5.酒后不宜饮茶。酒后饮茶伤肾伤脾。

6.睡前不宜饮茶。茶有提神的功效，晚上饮茶会影响睡眠，失眠、神经衰弱者以及老人应注意。

7.不宜饮隔夜茶及久泡茶。隔夜茶及久泡茶都是长时间浸泡或反复浸泡的茶，没有任何口感和营养价值，尤其是夏季时节，茶水极易变质、变色，饮后易引发肠道疾病。

特殊人群饮茶的注意事项

1. 饮茶后大便干燥或者便秘加重者不宜饮茶。传统茶饮含茶多酚类物质较多，对胃肠有一定的收敛作用。

2. 糖尿病、心脏病、高血压、神经衰弱、严重失眠者，以及胃溃疡、胃炎、反流性食管炎患者、贫血者不宜饮茶。

3. 低血压的人群，饮茶不宜过浓、过多。

4. 儿童除了可以饮用一些保健茶外，一般不建议饮茶，尤其是浓茶。但是适当用茶水漱口，可预防龋齿。

5. 阴虚火旺或者肝肾阴虚者，不宜饮用太过温燥的茶饮。

6. 食积气滞的人，不宜饮用滋腻碍脾的茶饮。

7. 饮用解表的茶饮，不宜食用生冷、酸性食物。

8. 饮用调理脾胃的茶饮，忌食生冷、油腻、腥臭、不易消化的食品。

9. 饮用理气消胀的茶饮，要避免食用豆类。

10. 饮用止咳平喘的茶饮，忌食鱼、虾等水产。

11. 饮用清热解毒的茶饮，忌食油腻、腥臭或辛辣的食物。

女性不宜饮茶的特殊时期

1. 女性月经期，不宜饮用具有活血作用的茶饮；也不宜喝传统茶饮，避免加重便秘症状以及经期综合征。

2. 孕期女性，不宜饮用传统茶饮。孕早期也不宜饮用具有活血化瘀作用的花草茶或凉茶。

3. 女性哺乳期，不宜饮用传统茶饮。传统茶饮中的鞣酸被机体吸收后，会抑制乳汁的分泌。

4. 更年期女性，不宜饮用传统茶饮，特别是提神醒脑的茶饮，以避免神经太过兴奋，加重更年期心理及生理不适。

泡茶要选用适宜的水

俗话说："茶有各种茶，水有多种水，只有好茶、好水味才美。"这句话很好地解释了茶与水的关系。自古以来，人们在谈茶时，总免不了论水。

古人的泡茶用水

● 水质的要求

自古以来，茶人对泡茶之水津津乐道。茶人对泡茶用水的选择，归纳起来，其要点如下：

水要甘而洁。宋蔡襄在《茶录》中说："水泉不甘，能损茶味。"赵佶在《大观茶论》中指出："水以清轻甘洁为美。"王安石还有"水甘茶串香"的诗句。

水要活而清鲜。宋唐庚的《斗茶记》中记载："水不问江井，要之贵活。"

贮水要得法。如明代熊明遇在《罗山介茶记》中指出："养水须置石子于瓮……"明代许次纾在《茶疏》中进一步指出："水性忌木，松杉为甚，木桶贮水，其害滋甚，洁瓶为佳耳。"

● 何为好水

泡茶，一般都用天然水。天然水按其来源可分为朱水（山水）、溪水、江水（河水）、湖水、井水、雨水、雪水等。自来水也算是一种通过净化后的天然水。泡茶用水究竟以何种为好，自古以来，就引起人们的重视和兴趣。陆羽曾在《茶经》中明确指出："其水，用山水上，江水中，井水下。其山水，拣乳泉，石池漫流者上。"

乾隆皇帝《荷露煮茗》

乾隆皇帝嗜茶如命，对茶的喜爱甚至不亚于喜爱江山。乾隆有一首《荷露煮茗》(写于承德避暑山庄)，诗云："平湖几里风香荷，荷花叶上露珠多。瓶罍收取供煮茗，山庄韵事真无过。"诗前还有一段小序道："水以轻为贵，尝制银斗较之，玉泉水重一两，唯塞上伊逊水尚可相坲（相等之义）……轻于玉泉者唯雪水及荷露。"雪水据说比玉泉水每斗还轻三厘，但雪水不常有，又非地下所出，所以不是"入品"之水。于是乾隆除了玉泉水之外，又常在夏秋之际选取荷露以作烹茶之水。

妙玉雪水煎茶

……妙玉执壶，只向海内斟了约一杯。宝玉细细吃了，果觉轻浮无比……黛玉因问："这也是旧年蠲的雨水？"妙玉冷笑道："你这么个人，竟是大俗人，连水也尝不出来。这是五年前我在玄墓蟠香寺住着，收的梅花上的雪，共得了那一鬼脸青的花瓮一瓮，总舍不得吃，埋在地下，今年夏天才开了。我只吃过一回，这是第二回了。你怎么尝不出来？隔年蠲的雨水那有这样轻浮，如何吃得。"

　　　　　　　　　　　——《红楼梦》第41回《栊翠庵茶品梅花雪》

古人用雨水、雪水煎茶，不乏其例。唐人陆龟蒙在《煮茶》诗中就有"闲来松间坐，看煮松上雪"之句。宋朝苏轼在《记梦回文二首并叙》诗前"叙"中也说过："梦文以雪水煮小团茶"。这些古人以雪水煎茶的诗文，反映了自唐宋以来雪水煎茶的风俗。近代科学分析证明，自然界中的水只有雨水、雪水为纯软水，而用软水泡茶其汤色清明、香气高雅、滋味鲜爽，自然可贵。

现代人的泡茶用水

泉水

　　泉水为源头活水，水质软、清澈甘洌，用这种水泡茶，能使茶的色、香、味、形得到最大限度的发挥。但是泉水并非随处可得，对多数爱茶人而言，只能视条件去选择宜茶水品了。

♦ 纯净水

纯净水是适合泡茶的一种典型用水，用这种水泡茶，能更好地衬托茶性，使沏出的茶汤晶莹透彻、香气纯正、鲜醇爽口。市面上纯净水品牌很多，大多数都宜泡茶。

♦ 矿泉水

矿泉水富含对人体有益的矿物质，但这些矿物质却不利于茶性的发挥，而呈弱碱性的矿泉水却非常适合泡茶，有助于茶性的激发。

♦ 自来水

自来水中一般含有用来消毒的氯气等，如果直接煮沸后用来泡茶，很容易使茶有苦涩味，茶汤的颜色也不好。所以要想得到较好的自来水沏茶，最好用干净容器盛接自来水静置一天，等氯气自然散逸后再煮沸沏茶，或者用净水器来达到净化的效果。

科学煮茶水

苏辙在《和子瞻煎茶》一诗中写道："相传煎茶只煎水，茶性仍存偏有味。"意思是说，泡茶首先要煮好水，如果水煮得不好，会影响茶的色、香、味的发挥。

泡茶对水温的要求

泡茶用水按温度分有三个级别，即低温、中温和高温。低温指 70℃~80℃，中温指 80℃~90℃，高温指 90℃~100℃。不同的茶对水温的要求也不同，因为水温对于茶性的发挥至关重要，不同的茶由于发酵的程度不同，用于泡茶的温度也就不同。比如，低温水适合冲泡龙井、碧螺春等绿茶；像六安瓜片等采开面叶的绿茶、采摘嫩叶发酵程度较轻的乌龙茶适宜用中温水冲泡；乌龙茶、普洱茶和花茶，必须用开水冲泡。

通常，我们用自来水或桶装水泡茶，都需要把水烧开，然后冷却到合适的温度。如果是用品质较好的泉水泡茶，可以不必煮沸，直接加热到合适的温度即可。泡茶的水切不可沸腾时间过长，这样会使水中气体的含量降低，不利于茶的香气挥发。

煮水 "三沸"

茶圣陆羽把水开的过程具体划分为三个阶段，提出了"三沸"之说。"其沸，如鱼目微有声为一沸；缘边如涌泉连珠为二沸；腾波鼓浪为三沸。"意思是当水煮到初沸时，冒出如鱼目一样大小的气泡，稍有微声，为一沸；继而沿着茶壶底边缘像涌泉那样呈连珠状不断往上冒出气泡，为二沸；最后壶水面整个沸腾起来，如波浪翻滚，为三沸。再煮过火，汤已失性，不能饮用。

历代茶具变迁

中国人的饮茶历史已有近5000年了。最初，我们的祖先饮茶并没有专用的茶具，而是与食具、水具和酒具混用。到了唐代，才有了专用的饮茶器具。

唐代茶具

唐代是我国历史上一个非常繁荣的时期，整个社会的物质财富达到了鼎盛期水平，对于精神生活的需求也日益增加，因此，饮茶也上升了一个高度，到达"品饮"阶段，这大大推动了茶具的发展。唐代最受欢迎的是瓷质茶具。

宋代茶具

宋代的饮茶方式更加有文化和品位，且点茶和斗茶是宋代最有特色的品饮方式。宋代的代表性茶具主要有汤瓶、茶筅和茶盏。

明清茶具

到了明代以后，由于茶叶由茶饼改为散茶，茶叶的品饮方式也为之一新。由于茶叶不再碾末冲泡，之前茶具中的碾、磨、罗、筅、汤瓶等都弃之不用了。而茶具也多为景德镇的瓷器。

"佳茗头纲贡，浇诗月必团。竹炉添活火，石铫沸惊湍。鱼蟹眼徐漂，旗枪影细攒。一瓯清兴足，春盎避轻寒。"（清代爱新觉罗·颙琰《嘉庆御制壶铭茶诗》）

茶具的风情

中国的茶文化历史悠久，博大精深，茶具即是一例。尤其对于茶具爱好者来说，茶具不仅是一种实用的器皿，更是通过把玩和收藏起到修身养性作用的工艺品。

陶质茶具

陶器是新石器时代的重要发明。质地坚硬，表面可无釉，也可上釉。常见的陶器有紫砂陶、硬陶等。用紫砂陶制作的紫砂壶是举世公认的质地最好的茶具，也是好茶人士的最爱。

瓷质茶具

中国早期的茶具以陶器为主，而当瓷器流行之后，瓷质茶具就逐渐取代了陶质茶具的主体地位。与陶质茶具相比，瓷质茶具最大的优点是更加精美，令人赏心悦目。

◖ 青瓷茶具

多数瓷土烧制成瓷器之后都会呈现出深浅不同的青色，故称"青瓷"，这是因为瓷土中含有一定的铁元素。中国早期生产的瓷器大多为青瓷，原始青瓷在商代就已经出现，而成熟的青瓷则诞生于东汉。到了晋代，青瓷茶具就已经在茶饮之中广泛应用，并在宋代达到了鼎盛。不过当今人们在生活中已经很少使用青瓷了。

◖ 白瓷茶具

中国已经出土的最早的白瓷制作于北齐（550—577年），到了唐代，白瓷已经非常盛行，并且有"假玉器"之称。白瓷是选用铁元素含量低的瓷土烧制而成的，因胎釉洁白如雪而大受欢迎，因此取代青瓷而成为应用最广的瓷器。

江西景德镇所产的白瓷茶具最负盛名，此外，湖南醴陵、河北唐山、安徽祁门等地出产的白瓷茶具也都有着上乘的品质。

◆ 黑瓷茶具

黑瓷与白瓷恰恰相反，其原料中铁元素的含量比青瓷更高。黑瓷的出现时间也相当早，东汉时期就已经烧制出成熟的黑瓷，而后一直到明清时期，黑瓷都是人们日用瓷器的一个主要品类。黑瓷茶具的特点是风格古朴、瓷质厚重，且保温性能好，因而深为茶人所喜爱。

青花瓷茶具

金属茶具

金属茶具是由金、银、铜、锡、钢、铝等金属制作而成的，在古代，金、银茶具为宫廷及贵族所习用。而在当代，金属茶具已经较少使用，这不仅是因为金属较为贵重，尤其是金、银，更是因为金属原本就不是理想的茶具材料，其主要缺点是笨重、易生锈。当然，金属茶具也有着不易破碎的优点。

当今所用的金属茶具，常见的有保存茶叶的锡罐和不锈钢或铝质的煮水器，以及铝质茶壶等。

竹木茶具

竹木茶具，本来是农村尤其是茶区人民为了省事、节约而制作的，现在反而受到了越来越多茶人的喜爱。

实际上，竹木茶具有着比陶瓷茶具更为悠久的历史。唐代陆羽在《茶经》中一共列出了 25 种茶具，其中一半以上都是用竹木制作的。

唐宋时期曾出现过很多难得的竹木茶具工艺佳品，不过竹木茶具的缺点是容易损坏，不能长时间使用，更无法长期保存。

▼ 木茶罐、竹茶罐

黄阳木罐和二簧竹片茶罐，既是一种实用品，也是馈赠亲朋好友的精美艺术品。

▼ 竹节茶杯、木茶杯

这种茶杯美观大方，不会烫手，且茶香和木香混合在一起，别有一番风味。

▼ 竹编茶具

竹编茶具是由内胎和外套组成的，内胎多为陶瓷类饮茶器具，外套用精选慈竹，经过劈、启、揉、匀等多道程序，制成粗细如发的柔软竹丝，经烤色、染色，再按茶具内胎形状、大小编织嵌合，使之成为整体如一的茶具。这种茶具，不但色泽和谐、美观大方，而且能保护内胎，减少损坏。同时，饮茶时不会烫手，并富有艺术欣赏价值。

玻璃茶具

用玻璃茶具泡茶，茶汤的色泽鲜艳、茶叶的细嫩柔软、叶片的逐渐伸展都可以一览无余，泡茶的过程如同欣赏动态的艺术。

在冲泡茶叶的过程中，玻璃茶具晶莹剔透，杯中轻雾缥缈，澄清碧绿，芽叶朵朵，亭亭玉立，赏心悦目，别有风趣。

玻璃杯价廉物美，深受广大消费者的欢迎。因玻璃没有毛细孔，不会吸附茶的味道，能让人品尝到百分之百的原味，且容易清洗，味道不残留。但玻璃器具有易破碎、易烫手的缺点。

因茶而异选茶具

饮用大宗红茶和绿茶，注重茶的韵味，可选用有盖的壶、杯或碗来泡茶；饮用乌龙茶则重在"啜"，宜用紫砂茶具泡茶；饮用红碎茶与工夫红茶，可用瓷壶或紫砂壶冲泡，然后将茶汤倒入白瓷杯中饮用；如品饮的是西湖龙井、洞庭碧螺春、蒙顶甘露、君山银针、黄山毛峰等细嫩名茶，则用玻璃杯直接冲泡最为理想；其他细嫩名优绿茶，除选用玻璃杯冲泡外，也可选用白色瓷杯冲泡。

因地制宜选茶具

长江以北一带的茶人，大多喜爱选用盖瓷杯冲泡花茶来保持花香，或用大瓷壶泡茶，再将茶汤倒入茶盅饮用。

一些大中城市，人们喜好品细嫩名优茶，既要闻其香、啜其味，还要观其色、赏其形，特别喜欢用玻璃杯或白瓷杯泡茶。

福建及广东潮州、汕头一带，人们习惯用小杯啜乌龙茶，故选用"烹茶四宝（玉书煨、潮汕炉、孟臣罐、若琛瓯）"泡茶。

发烧友必备的茶具清单

"美食不如美器"是中国人的器用之道。在中国源远流长的茶文化中，茶具是点睛之品；在茶友眼中，茶具更是一件艺术品。

茶道六用

茶则： 用来量取茶叶，即从茶叶罐中取出茶叶放入茶荷中。

茶拨： 用来从茶荷中向茶壶或盖碗中拨取茶叶。

茶漏： 将茶漏放在壶口，可扩大壶口面积，防止茶叶外溅。

茶针： 用来疏通被茶渣堵塞的壶嘴。

茶夹： 温杯过程中，用来夹取品茗杯和闻香杯。

茶筒： 用来盛放茶则、茶拨、茶漏、茶针和茶夹 5 种茶具的容器。

茶拨

茶针

茶则

茶夹

茶漏

茶筒

茶盘

茶盘是茶具中最有涵养和度量的，堪称茶具中的"宰相"，同时又是其他茶具表演的舞台，没有它，一场精彩的茶艺表演将无法举行。

茶盘常被用来盛接凉了的茶汤或废水，用完后最好不要让废水长时间停留在茶盘内，应及时将其清理并擦拭干净。

茶叶罐

喝茶的人应该懂得茶叶罐的重要性，这是茶道入门的重要标志。茶叶罐用来存放茶叶，质地主要有木质、铁质、锡质、瓷质、纸质等，以瓷质居多。

茶叶罐要放在阴凉干燥的地方，避免阳光直射，不要放在有异味或有热源的地方，也不要和衣物放在一起。茶叶罐使用完以后要立刻密封好，以防受潮。

随手泡

随手泡先用来冲泡茶叶，再用来温壶洁具，同时在泡茶过程中，壶嘴不宜对着客人。

新壶在使用前，应加水煮开后浸泡一段时间，可除去壶中的异味。

要及时清洗随手泡中的水垢。

盖碗

用盖碗品茶时，碗盖、碗身、碗托三者不应分开使用，否则既不礼貌也不美观。

用盖碗品茶时，揭开碗盖，先嗅盖香，再闻茶香。

注水时一般略高于碗盖与碗体的接缝，但不要高得太多。

公道杯

泡茶时，为了保证正常的冲泡次数中所冲泡的茶汤滋味和颜色大体一致，避免茶汤太苦太浓，应将泡好的茶汤倒入公道杯内，以均匀茶汤，随时分饮。

品茗杯

男士拿品茗杯手要收拢，以示大权在握。

女士拿品茗杯可以轻翘兰花指，这样可以显得仪态优美、端庄。

闻香杯

使用闻香杯时，将杯口朝上，双手掌心夹住闻香杯，靠近鼻孔，轻轻搓动闻香杯使之旋转，边搓动边闻香。

闻香杯常与品茗杯搭配使用。

过滤网和滤网架

过滤网用来过滤茶渣，用时放在公道杯的杯口，并注意过滤网的"柄"要与公道杯的"柄耳"相平行。

滤网架用来放置过滤网。

使用过的过滤网要及时去除茶渣，并用清水冲洗干净。

盖置

盖托用来放置壶盖。盖托可以防止壶盖直接与茶桌接触，以示洁净，并减少壶盖的磨损。

茶荷

用茶荷盛放茶叶时，泡茶者的手不能碰到赏茶荷的缺口部位以示茶叶洁净卫生。

手拿赏茶荷时，拇指和其余四指分别捏住茶荷两侧，放在虎口处，另一只手拖住茶荷底部。

茶巾

茶巾只能擦拭茶具外部，不能用来擦拭茶具内部。茶巾的使用示范：一手拿着茶具，一手拇指在上，其余四指在下托起茶巾，接着用茶巾轻轻地擦拭茶具上的水渍、茶渍等。

养壶笔

养壶笔主要用于养壶。用养壶笔将茶汤均匀地刷在壶的外壁，使壶的任何一个面都能接受茶汤的亲密"洗礼"，让壶的外壁油润、光亮。

用养壶笔来养护茶桌上的茶宠，也是现在诸多茶人的喜好。

茶宠

茶宠又称"茶玩"，是茶水滋养的宠物，具有招财进宝、吉祥如意的寓意，主要用来装点和美化茶桌。茶人在喝茶时经常蘸些茶汤涂抹茶宠。在泡茶和品茶过程中，和茶桌上的茶宠一起分享甘醇的茶汤，别有一番情趣。

水盂

水盂又称"茶盂""废水盂"。用来盛接凉了的茶汤、废水和茶渣等。

水盂容积小，倒水时尽量轻、慢，以免废水溢溅到茶桌上，并要及时清理废水。

杯垫

杯垫也称"杯托""小茶盘"，多与品茗杯或闻香杯配套使用，也可随意搭配。使用杯垫给客人奉茶，显得既卫生又高雅。杯垫的材质以木质、竹质、塑料质地为多。使用后的杯垫要及时清洗，如果是竹、木等质地，要通风晾干。

普洱茶针

普洱茶针是在冲泡普洱饼茶、砖茶、沱茶等紧压茶时使用的茶具。普洱茶针主要有金属、牛角、骨质等材质的。普洱茶针最好不要选择太锋利的，使用中也要避免弄碎紧压茶的条索。

嗜茶者的紫砂情结

俗话说："水是茶之母，器是茶之父。"在各种茶器之中，茶壶居于最为重要的地位，而紫砂壶又是壶中的翘楚，因此备受茶人的喜爱。

陶中奇葩——紫砂壶

江苏宜兴制的紫砂茶具，泡茶既不夺茶真香，又无熟汤气，能较长时间保持茶叶的色、香、味，后人称赞其"泡茶不走味，贮茶不变色，盛暑不易馊"，其具有诸多良好的特性。

有良好的透气性	这是因为紫砂原料是一种具有双重气孔结构的多孔性材质。因此，用紫砂壶来泡茶，既不会夺茶香，又没有熟汤气，从而可以更好地保持茶叶原有的香气
具有吸附性	紫砂壶会吸附茶汤和茶气，久而久之，用紫砂壶泡出来的茶会越来越香醇
冷热急变性能好	紫砂壶的砂质传热缓慢，热稳定性极好，不会因为温度骤变而破裂，甚至还可以直接放在火上煮茶
经久耐用，历久弥新	很多壶具都是用过一段时间之后就变旧了，在外观和性能上都逊于新的，可紫砂壶恰恰相反，只要使用、保养得当，会越用越好、越用越美

如何选购紫砂壶

摸质感：紫砂壶的表面应有明显的颗粒感，摸上去像豆沙或细沙一样。

看外观：壶嘴、壶钮、壶把，基本上要在一条直线上，即"三山齐"，这是选择茶壶很重要的标准。

看颜色：真正的原矿紫砂泥料颜色暗淡，表面略显毛糙。颜色过于鲜艳光滑的紫砂壶，极有可能是添加了氧化物或者是抛光的。因此，尽量不要购买颜色过于鲜艳的紫砂壶。另外，壶盖里外的颜色也应该基本一致。

听声音：好的紫砂壶敲击壶壁，声音听起来是沉稳的。

试壶盖的紧密性：用手按住壶盖的小孔，倾倒时壶盖不掉落；或将茶壶盛水，用胶条堵住流口，手按住壶盖的小孔，翻壶后，壶盖部分的水涓滴不出，说明壶盖的紧密性好。

试水：买壶的时候要试水，好的壶出水流畅，水柱圆润、有力，呈水束状向外"喷射"。

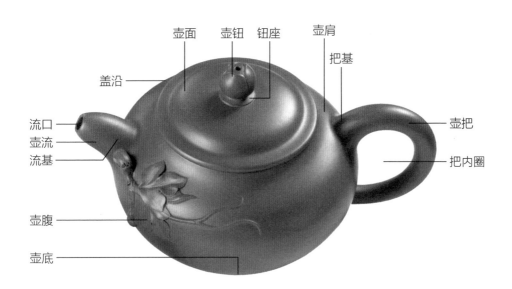

壶面　壶钮　钮座　壶肩　把基

盖沿

流口　壶流　流基

壶把　把内圈

壶腹

壶底

如何使用和保养紫砂壶

● 开新壶

紫砂壶是有灵性的，开壶是培养其灵性
不可或缺的一步。开壶的方法有多种，各行家
的方法不尽相同。

第一步，将壶盖与壶身分开，用白水以
小火煮至少一小时，让壶身的气孔释放出所含
的土味及杂质。第二步，用老豆腐煮至少一个
小时，以消除高温煅烧带来的火气。第三步，
用甘蔗嫩头煮至少一小时。第四步，用茶叶煮至少一小时。完成这四个步骤后，
紫砂壶才可以正式投入使用。

另外，新购紫砂壶，未用前还要在清水中浸泡三四天，并且每天换水两三次，
以清除残留在壶体表面的铁质。

● 茶养壶

壶的保养一般通称为养壶，养壶的目的在于使其更能涵香纳味，并可使壶焕
发出本身浑朴的光泽。所以，一把用久的老壶，在没有茶的时候，也能泡出茶的
味道。

圈子里的行家说"紫砂的生命在茶海里，不能待茶，紫砂就失去了生命的光
彩"。故而紫砂壶就是要通过不断泡茶来保养，要勤泡茶、勤擦拭。经常选用不同
香味的茶叶，配合不同温度的水，去养壶的色泽与香气。泡茶时，由于水温较高，
壶壁上的细孔会略微扩张，此时要用细纱布擦拭氤氲的水汽，让壶壁吸附茶油，
时间久了，壶壁色泽就光亮了。也正是由于紫砂壶气孔的存在，使得茶水浇上去
后，气孔渗水，整个壶身的色泽会越来越光亮照人。

另外，宜兴紫砂壶，胎质气孔结构较大，吸附性较强，所以最好用好茶养壶，这
样养得快。如果是用普通茶叶泡茶，必须用后即清洗。如果用高级名茶，则可以贮存
在壶内，搁置几日再清洗。

泡茶有道

泡茶是一门艺术，绝不是把茶叶投放到水中那么简单，要想使茶叶中多种成分充分浸出，除了要注意水温外，投茶量、冲泡时间等也要注意。

泡茶的注意事项

◗ 投茶量

投茶量是指茶的用量，也就是茶与水的比例，一般用茶杯泡茶时，茶、水比例为1：50。用壶泡时，投茶量根据茶叶种类而有所不同，铁观音的投茶量为壶容积的1/4~1/3；冲泡武夷岩茶，一般投茶量为壶容积的1/2~2/3。当然，不论何种茶，都可以根据自己的口味喜好适当增加或减少用量。

◗ 冲泡时间

茶汤冲泡时间短，不利于营养物质的释放，冲泡时间过长，则茶叶中的茶多酚、芳香物质等会自动氧化，从而降低茶的口感。茶的冲泡时间与茶的品种、水温、投茶量等有关。一般认为，茶叶浸泡3分钟时，营养成分的溶出量较大，浸泡到5分钟时，多酚类物质的含量就已经相当高了，但容易有苦涩味，因此，普通的绿茶、红茶浸泡3~4分钟方可饮用，但对于一些细嫩的绿茶，冲泡2~3分钟饮用最佳。

◗ 冲泡次数

茶的冲泡次数应根据茶叶种类而定，通常花茶、绿茶可连续冲泡两三次，乌龙茶可连续冲泡四五次，白茶只能冲泡一两次。一般来说，花茶、绿茶中的营养物质，在第一泡时可释放80%左右，第二泡时为95%左右，其他物质成分也大多是在第一泡时浸出最多，经过三次冲泡后几乎全部释放。对于比较粗老的黑茶、乌龙茶，有的冲泡3~5次后仍有余香。

泡茶的基本程序

茶不同，冲泡方法不同，礼仪也有所不同，这就要求在泡茶的过程中，根据茶的色、香、味、形有所侧重，以最大限度地发挥茶性。但是不论茶艺如何变化，基本都要遵循以下这几个程序。

❧ 温具

用热水温烫茶具，以提高茶具的温度，否则茶具会吸收热水的温度，使得茶叶所得到的温度降低，从而不利于茶性的挥发。

❧ 置茶

根据茶壶或玻璃杯和盖碗的大小，投入适量的茶叶。

❧ 冲泡

放置完茶叶后，根据不同茶的茶、水比例冲入适温、适量的水。冲水时，一般除乌龙茶用紫砂壶冲泡时需要注水至满壶外，其他茶类均以冲水至茶具的八分满为宜，如果使用玻璃杯或白瓷杯冲泡，冲水则以七分满为度。

❧ 润茶

润茶也称洗茶，既可洗去茶叶中的杂质和灰尘，又可以浸润茶叶，帮助茶叶舒展和有效成分溢出，并能很快激发出茶的香气。

❧ 奉茶

奉茶时要面带微笑，一般在客人左边用左手端茶奉上，并用右手做请的姿势，也可从客人正面双手奉上。

❧ 赏茶

如果饮用的是名优好茶，那么冲泡后应先观赏茶舞以及茶汤变化的过程，对于一些高香茶则要端杯闻香，然后再品饮。

❧ 续水

饮茶时，一般饮去2/3杯或壶时，就应续水了。如果等一泡茶水全部饮完再续水，那么，续后的茶汤就容易变得寡而无味。

不同器皿的泡茶法

不同的茶泡法也不同，选择合适的茶具，才能和茶叶相得益彰。比如大红袍最好用紫砂壶来泡，如果用保温杯泡，肯定是不合适的。

紫砂茶壶泡法

紫砂壶比较适合乌龙茶、黑茶、红茶等。从容量上看，200毫升以下的平矮紫砂壶可以在瞬间达到高温，最适合冲泡铁观音。普洱茶、红茶要求保温时间长，可以用较高深、窄长的250毫升左右的紫砂壶来冲泡。

1 准备茶具
　　准备茶盘、紫砂壶、品茗杯、闻香杯等。

2 取茶
　　从茶叶罐中取适量茶叶放入茶荷中。

3 温壶
　　向紫砂壶中倒入适量温水进行温烫。

4 温杯
　　将紫砂壶中的水倒入各品茗杯中温烫，然后将水倒出。

5 | 投茶
用茶匙将茶荷中的茶拨入壶中。

6 | 润茶
向紫砂壶中冲入开水，然后迅速将水倒出。

7 | 冲泡
向壶中冲入开水，直到溢出壶口。

8 | 刮沫
用壶盖刮去壶口的浮沫，然后冲净壶盖，盖好。

9 | 出汤
将泡好的茶汤倒入闻香杯中。

10 | 倒扣
将闻香杯和品茗杯分别放在杯垫上，品茗杯倒扣在闻香杯上。

11 | 翻转
双手持杯翻转过来。

12 | 闻香
提起闻香杯，双手搓动闻香。

13 | 品饮
闻香过后即可持杯品饮。

盖碗
泡法

盖碗泡茶，有不失味、导热快的特点。使用盖碗泡茶时，要注意茶叶的投放量。现今市场上有售"五克"量、"十克"量等不同容量的盖碗，很容易根据自己买的盖碗来决定投茶量。另外，盖碗泡茶后可直接用盖碗饮用，招待客人时也可以将泡好的茶汤倒入公道杯中再分给客人品饮。

1 **准备茶具**
　　准备盖碗、茶巾、水盂等。

2 **取茶**
　　从茶叶罐中取适量茶叶放入茶荷中。

3 **温具**
　　向各盖碗中倒入适量温水进行温烫，然后将水倒出。

在品饮盖碗茶的时候，女士用双手，左手持碗托，品饮时右手让碗盖后沿翘起，从缝隙中品茶。男士品饮时，用一只手，不用碗托，直接用拇指和中指握住碗沿，食指按住碗盖让后沿翘起，品饮。

4 投茶
分别向两个盖碗中投入适量茶叶。

5 润茶
分别向两个盖碗中倒入少量水，然后持杯慢慢旋转，浸润茶叶。

6 冲泡
分别向两个盖碗中冲入适量水。

7 闻香
拿起碗盖轻闻茶香。

8 品饮
持杯品饮。

玻璃杯
泡法

用玻璃杯泡茶可将茶叶在水中的欢悦"舞蹈"尽收眼底，能让喝茶变成一场视觉的盛宴。玻璃杯取之随意、用之便捷，十分适合冲泡绿茶、黄茶、白茶等茶种。

1 准备茶具
　　准备茶盘、玻璃杯、茶荷、茶叶罐等。

2 取茶
　　从茶叶罐中取适量茶叶放入茶荷中。

3 温杯
　　向玻璃杯中倒入适量温水，慢慢旋转杯身，温烫杯壁，然后将水倒掉。

4 投茶
　　将适量茶叶投入杯中。

5 冲水
　　向杯中倒入适量水，以七分满为宜。

6 品饮
　　对于一些冲泡后姿态较优美的茶可欣赏茶舞。赏完茶舞便可端杯品茶了。

飘逸杯泡法

飘逸杯具有自动分离茶叶、茶汤和自动过滤的功能，同时，它集泡茶、饮茶功能于一身，省去了公道杯、过滤网等泡茶用具。最值得一提的是，它容易清洗，携带方便，无论人在旅途还是办公室，只要一杯在手，随时随地都可以享受泡茶、饮茶的乐趣。

1 准备茶具
准备飘逸杯和茶叶罐。

2 温杯
向飘逸杯中注入少量开水，旋转一周，然后将水倒掉。

3 投茶
向杯中投入适量茶叶。

4 注水
向杯中注入适量水。

5 品饮
大约5分钟后，轻按飘逸杯上的按钮，将茶汤滤到杯中，茶就泡好了。

不同场合的泡茶法

不同的茶叶需要不同的茶具，不同的场合也需要不同的泡茶法。泡茶法的选择需要考虑是否方便、是否和环境搭配等。

居家 轻松泡茶

在家里，轻松闲暇的时光，不妨拿出家里的茶具，为自己和家人泡上一杯浓浓的香茶，体味"晴窗细乳戏分茶"的乐趣，一起品味其中的美好。

备具: 紫砂壶、公道杯、品茗杯、茶盘、茶荷、茶叶罐、茶道六用、随手泡

1 取茶
从茶叶罐中取适量茶叶。

2 温具
将开水依次倒入紫砂壶、公道杯、品茗杯中，温壶及器具。

3 投茶
用茶匙将茶拨入紫砂壶中。

4 冲泡
　　将水注入壶中，
至茶汤四溢。

5 刮沫
　　用壶盖向内刮去
壶口处的浮沫，盖好
壶盖，静置一会儿。

6 滤茶
　　将壶中的茶汤
滤入公道杯中。

7 分茶
　　将公道杯中的茶
汤均匀分到每个闻香
杯中。

8 翻转乾坤
　　将品茗杯扣到闻
香杯上，双手食指抵
闻香杯底，拇指按住
品茗杯杯底快速反转。

9 闻香
　　拿起闻香杯，双
手搓动闻香杯闻香。

10 品饮
　　品饮茶汤。

办公室简易泡茶

很多爱茶的上班族由于场地原因，泡茶的器具无法准备那么全。其实，在办公室里也可以泡出好茶。

1 备具

准备飘逸杯、品茗杯、水盂、茶叶、随手泡。

2 温具

将少许开水注入飘逸杯中，然后旋转一圈，使开水温到飘逸杯的全部内壁，然后倒入品茗杯中温烫。

3 投茶

放茶叶入飘逸杯中。

4 冲水

冲水至飘逸杯2/3处。

5 冲泡

静置1分钟，摁下出水按钮，出茶汤。

6 分茶

将茶汤匀分至品茗杯中，品饮即可。

旅行泡茶

在外出旅行时，开水有时不能随手取来，这时不妨采用冷水泡茶法。在炎炎的夏日，将泉水放入冰箱中冷藏后取出泡茶，也能体味出一丝清凉。

备具：冷水、旅行茶具一套、茶叶罐

1 | 温具
将水冲入小盖碗、公道杯、茶杯温具。将盖碗和茶杯中的水倒至茶盘中。

2 | 置茶
将茶叶放入盖碗中。

3 | 注水
倒入准备好的干净冷水，如纯净水、山泉水，浸泡半小时。

4 | 出汤
将滤网放到公道杯上。

5 | 出茶
将茶汤倒入公道杯中。

6 | 分茶
分别将茶汤倒进茶杯。

7 | 奉茶
请客人喝茶。

好茶还需美味搭

把中国茶和中国美食搭配，不失为一种聪明的选择。不同的茶，也需要和相应的茶点一起享用，才能更好地感受到美食和好茶的魅力。

就像饮酒必有佐酒之物一样，饮茶也可佐以点心、小吃，这种佐茶的点心、小吃就是茶点。茶点不仅味道可口、品种丰富，而且外形精雅、小巧美观。常见的茶点有绿豆蓉馅饼、椰饼、绿豆糕等。另外还有各种蜜饯、茶叶糖果等，如红茶奶糖、绿茶奶糖。

饮茶佐以点心的历史由来已久，据史料记载，唐代茶点很丰富，粽子、馄饨、饺子、馅饼、水果等，都可以用来佐茶。

茶点的选择是一门艺术，要秉承"和谐"的原则，即各种茶的茶性、茶味迥异，需要不同味感的食物相搭配；各种茶在形状、汤色上也不同，需要不同形状的食物相伴。也就是说，选择茶点要在不破坏茶味的前提下，做到既好吃又好看。

"好吃"，要求茶点与茶性味相合。行家总结了这样一个小口诀："甜配绿，酸配红，瓜子配乌龙。"即甜食搭配绿茶，如用各式甜糕、凤梨酥等配绿茶；酸味食品搭配红茶，如野酸枣、蜜饯等配红茶；咸味食物配乌龙茶，如瓜子、花生米、橄榄等。

"好看"，要求注重茶点与茶的视觉搭配效果。例如，龙井茶汤色清澈，口感轻盈，搭配水晶饺最合适不过；普洱茶沉稳浓重，配牛肉干或者各种肉脯、果脯等十分相宜。

平时家人、朋友在一起品茶时，佐一些茶点，既可饱腹又不失品茗之趣。

下午茶里的佐茶小点

绿豆糕

材料

绿豆……100克

调料

白糖、香油、蜂蜜、饴糖各
适量

做法

1 绿豆洗净，浸泡4小时。

2 锅内加适量清水，放入绿豆熬煮至熟。

3 盛出绿豆，摊开晾干，脱去豆皮，碾成绿
豆粉。

4 将白糖掺入绿豆粉中拌匀。

5 在拌匀的绿豆粉中间挖一个坑，加入香
油、蜂蜜和饴糖拌匀，倒入模具中按平，
磕出即可。

第五章

品茗茶香，鉴赏各具特色的中国茶

用心品味茶的真滋味

品茶的目的不是解渴，而是重在精神和艺术的享受。品茶重在一个"品"字，需要我们细细品味、慢慢享受，在体会茶中清浅浓淡的香气时，感受人生。

壶里乾坤还须"品"

◗ 三品三回味

凡品茶者，须细品缓啜，要分三口进行，"三口方知真味，三番才能动心"。善品茶者提出"三品三回味"的境界。

头一品主要品火功，就是品茶叶加工过程中的火候是老火、足火还是生青，是否有晒味，或品茶叶在杀青和烘干时掌握温度和时间的水平。感受每片茶叶的来之不易，在制作中经过的超凡工艺，"谁知杯中香，片片皆辛苦"。

第二品是品滋味，让茶汤在口腔内流动，与舌根、舌面、舌侧、舌端的味蕾充分接触，辨茶味如何，所有的茶都有自己的独特味道。

第三品是口品，品茶的韵味。将茶汤小口喝入，含在口中细细品味，吞下去时还要注意感受茶汤过喉时是否爽滑。只有带着对茶的深厚感情去品茶，才能欣赏到好茶"香、清、甘、活"的韵味。

三回味也称为"心品"，是品茶之后的感受。品饮了真正的好茶后，一是舌根回味甘甜，满口生津；二是齿颊回味甘醇，留香尽日；三是喉底回味甘爽，使人神清气爽，飘然欲仙。

品茶的乐趣

只要爱茶都可以品茶。在品饮的过程中，要做到鼻到、口到和神到。

品茶之乐，乐在意境。人们在繁忙的工作之余，沏上一杯茶，去感受茶自然的香、鲜、甜、醇，观杯中亦浓亦淡的汤色，逐渐伸展的芽叶。端起茶杯，细细啜、慢慢饮，悠悠回味，自觉玉齿留香，清幽扑鼻，疲劳顿消。此等意境令人心旷神怡，物我两忘。真如宋人范仲淹所诗"斗茶味兮轻醍醐""斗茶香兮薄兰芷"一般令人神醉啊！

中国的茶道不光讲究"独品其神"，还注重两人对饮"得趣"，众人聚品"得慧"。

品茶是志同道合者倾谈论事、加深友谊和共享美好时光的最佳方法，所以，品茶讲究"清静和乐"。

有一句很著名的关于茶的谚语："茶三酒四溜达二。"意思是说，品茶最好是三人，喝酒最好是四个人，而遛弯两个人就够了。也有诗云："独啜曰幽，二客曰胜，三四曰趣……"可见品茶人数宜少不宜多。对于生活在嘈杂缭乱的环境中的都市人来说，能够静下心来，邀三两好友品一味茶，别有一番情调和乐趣。

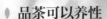

品茶可以养性

　　茶有两种：一种是"柴米油盐酱醋茶"的茶；一种是"琴棋书画诗酒茶"的茶。第一种茶是用来喝的，可"养身"；第二种茶是用来品的，可"养性"。品茗的最高境界，是从物质层次的品饮提升到精神层次的欣赏，比如抒情、悟道等。

品茶之前要静心，只有心静下来了，才能真正感受一杯茶的滋味和韵味，才能分辨出内在的变化和差别。从这个角度看，茶可使人静心。

　　当一个人静下心来小憩，可于一杯清茗中品味人生、陶冶性情。尤其是工作忙、压力大的中年人，更应该给自己一点时间，耐心地泡一壶茶、品一壶茶。人在烦躁时很容易做出错误的决定，这时不妨先慢慢品一壶茶，让浮躁的情绪随水中翻飞的佳茗慢慢沉淀下来，然后再做决定也不迟。

　　中国的茶艺追求"崇静尚俭"；中国的茶道追求廉、美、和、敬。正如茶圣陆羽在《茶经》中所言："懂茶之人必定是'精行俭德之人'。"南宋诗人陆游，一生与茶结下了不解之缘，并深得品茶之道。他说："眼明身健何妨老，饭白茶甘不觉贫。"更是进入了茶道的至高境界——甘茶一杯涤尽人生烦恼。

● 喝茶是感官和心灵的双重享受

《红楼梦》第四十一回"贾宝玉品茶栊翠庵"中叙述妙玉给宝玉斟茶时，说了这样一句话："岂不闻一杯为品，二杯即是解渴的蠢物，三杯便是饮驴了。"这固然是一句戏谑之语，但却也道出了饮茶的真谛，那就是"品"。

事实上，的确有很多人将饮茶仅仅作为解渴之用，这虽然不至于像妙玉所说的会沦为蠢物，却实在是有些看低了茶的价值，特别是对好茶者而言，其作用绝非仅仅解渴而已。茶固然有解渴的用处，但是茶之为饮，之所以如此受人崇奉和钟爱，就因为饮茶的真正可贵之处在于茶中有着特别的滋味，蕴藏着独到的境界。因此，若饮茶仅仅是为了解渴，就仿佛将美玉当作普通的石头来看待一样可惜，而正如美玉须雕琢方可见其价值，好茶也须细品

方能得其真味。这种品，不仅是感官的享受，更是心灵的契合。因此，若会品茶，则可从小小一杯芳茗之中体察到人生的大况味。

● 体味茶的珍鲜馥烈

关于茶汤滋味，陆羽用四个字来形容，即珍、鲜、馥、烈，这四个字分别从茶色、茶味、茶香、茶品四个方面说明茶汤的美味程度。

珍——形容茶汤的稀少与珍贵，由此可见陆羽对茶汤品质的重视程度。陆羽主张茶汤煮3碗即可品其真味，最多不能超过5碗。

鲜——保持茶汤的原汁原味与新鲜。

馥——茶汤的香气一定要高远悠长，让人未品先闻香。

烈——茶滋味的甘醇浓烈，在闻其香的前提下，品出的茶味一定要浓烈。

从品茶汤到斗茶习俗的演变

《茶经》中有"夫珍鲜馥烈者，其碗数三，次之者，碗数五"的记载，指的是一"则"茶末，煮三碗即能品尝到茶汤的"珍鲜馥烈"，如煮五碗，滋味就差了很多。当今，潮汕地区讲究啜饮乌龙茶，配置茶壶的大小会随着人或碗数而定，就是由此而来的。

陆羽重视茶汤的色、香、味，并要"嚼味嗅香，非别也"。意思是说，光"干看"茶叶并不能鉴别茶叶的品质，必须"湿看"茶汤，即看茶汤表面的"沫、饽、花"的形态，品茶汤的香味。

品茶汤的习俗自唐代传到宋代以后，在上层社会逐渐兴起了"斗茶"的习俗，即从全国搜罗各地名茶，评出"斗品"，作为"贡茶"，进献给皇帝。

斗茶胜负的标准

决定斗茶胜负的标准，主要有以下三个方面：

一、比较茶汤色泽是否都是鲜白色，以茶汤纯白者为上。

二、比较茶碗周围的水痕"贴壁"时间的长短，长者为上，短者为下。

三、比较茶汤面上的茶叶末沉底时间的早晚。茶汤上的茶末后沉的为上，先沉的为下。

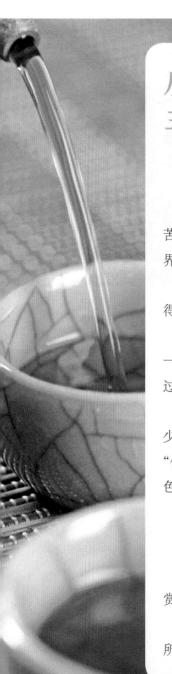

从"品"到"悟"的三重超脱境界

● 饮茶就是品味人生

品三杯茶，一杯鲜爽醇厚，二杯思人生之味，三杯参悟苦涩。从"品"到"悟"的过程道出的是一份宁静、一种境界，这种境界虽在一杯茶中，喝出的却是人生的味道。

人活着应多一份淡泊、多一份沉静，懂得抵挡诱惑，懂得洁身自好，只有这样才能达到超脱的境界。

品茶人通过品茗体会人生的真谛，喝茶的过程，不仅是一种满足自身需要的过程，也是一种娱悦精神与享受生活的过程。品一杯茶可让人明心境、清头目、去愁烦、明道理。

饮茶就是品味人生、领悟人生的过程。饮茶不分男女老少，不论高低贵贱，不同的人可以品出不同的滋味，即所谓"仁者见仁，智者见智"。茶虽是普通日常饮品，要想品出其色香味，就要先修身养性。

● 三重超脱境界具体内涵

一是可以"涤昏寐"，即可以涤烦，提神醒脑。

二是品其"色、香、味"，即品茶人在饮茶过程中可以欣赏到茶的各种特征。

三是精神的升华，茶的精、俭、不失、高雅，正是茶人所追求的精神目标。

品茶的终极追求:
天时、地利、人和

● 茶中的"天时"

陆羽将"造"列为"九难"中的第一项,正是说明"天时"对茶叶的生产来说是首要条件。大自然给了茶树诸多赖以生存的养分和适宜的环境,"天时"的好坏直接影响到茶叶的品质,"九难"其后的各项优劣最终都是以"造"为质量标准来衡量的。

● 茶中的"地利"

在茶叶生产与品饮中,"地利"其实与"天时"是可以并列的。地理位置、地形等因素也直接影响茶的品质。同样一个地区,背阴、向阳、山坡、平川等不同的地形与位置所生产的茶叶品质是有天壤之别的。

● 茶中的"人和"

在茶的范畴中,"人和"的概念有两层:一是指在"采、造、制"等茶叶生产程序中,人起到了执行与鉴别的作用;二是指在"品饮、茶事、典故"中,人起到了传承茶文化的作用,并在这个过程中品茶论道、修身养性,从而追求一种人性的和谐、统一。

鉴赏茶需要掌握的方法

作为一个茶叶大国，中国茶的种类特别多。如按时节划分，有明前茶和雨前茶的区别。同时，由于土壤、气候、储藏方式等不同，茶的质量也良莠不齐。

专业品鉴法：鉴茶八因子

20世纪60年代起在商业系统尤其是在外贸系统中推出了八因子评茶法，用以评定茶叶品质。最初的八因子评茶法，审评内容由外形的条索（或颗粒）、整碎、净度、色泽及内质的香气、滋味、叶底色泽和嫩度构成，以后又修改为条索（颗粒）、整碎、净度、色泽、汤色、香气、滋味和叶底。

八因子评茶法，是指通过采用一些易掌握和运用的技能，并指定审评易区分出差别的因素，从而得出有关茶叶品质的结论。

● 条索

条索是指各类茶所具有的一定的外形规格，如条形、圆形、扁形、颗粒形等。外形的条索主要比较松紧、弯直、壮瘦、圆扁、轻重、匀齐。

松紧： 条索纤细，空隙小，体积小，为紧；条索粗大，空隙大，体积较大，为松。紧结而重实的质量好。

弯直： 将茶叶装入一个干净的盘内筛转，看茶叶的平伏程度，不翘的叫直，反之则弯。一般多以条索圆浑、紧直的为好。

壮瘦： 一般用叶形大、叶肉厚、芽粗而长的鲜叶制成的茶，条索紧结壮实，身骨重，品质好。反之，用叶形小、叶肉薄、芽细稍短的鲜叶制成的茶，条索紧瘦，身骨略轻，称为细秀。

圆扁：茶叶的圆扁主要是指长度比宽度大若干倍的条形，其横切面近圆形，表面棱角不明显的称为"圆"，否则为"扁"。比如，珠茶要求细圆紧结；扁形茶要求扁平、光滑、挺直。

轻重：指身骨轻重。嫩度好的茶，叶肉厚实条紧结，多为沉重；嫩度差的茶，叶张薄，条粗松，一般较轻飘。

匀齐：茶条粗细、长短、大小相近的为匀齐。上、中、下三段茶相衔接的为匀称。匀齐的茶精制率高，所以名茶条索多匀齐。

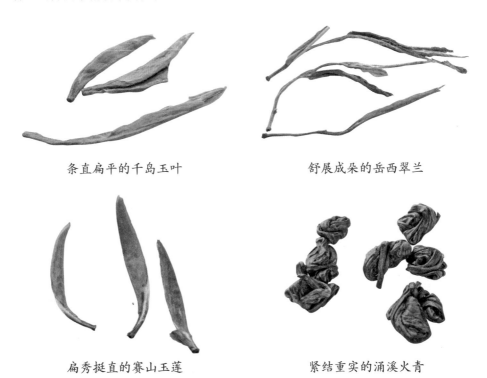

条直扁平的千岛玉叶　　　　　　　舒展成朵的岳西翠兰

扁秀挺直的赛山玉莲　　　　　　　紧结重实的涌溪火青

整碎

整碎指茶叶外形的匀整程度。条形以完整的为好，断条、断芽的为差，下脚茶碎片、碎末多，精制率低的更差，下脚要看是否为本茶本末。将100克左右的茶叶倒入盘中，双手合盘循着一定的方向旋转数圈，使不同形状的茶叶在盘中分出层次。粗大而轻飘的浮在上面，细小的沉在盘底，中段的茶叶大小比较均匀。中段茶越多，表明匀度越好。

◇ 净度

净度是指毛茶的干净与夹杂程度。茶叶夹杂物有茶类夹杂物和非茶类夹杂物之分。

茶类夹杂物

茶类夹杂物指茶梗、茶籽、茶角、茶朴、茶末、轻片等。

非茶类夹杂物

非茶类夹杂物分为有意物和无意物两类。无意物指采摘、制作、存放、运输过程中无意混入茶叶中的杂物，如杂草、树叶、泥沙、石子、竹片、棕毛等。有意物指人为有目的地故意添加的夹杂物，如胶质物、滑石粉等。

◇ 色泽

干茶色泽主要从色度和光泽度两方面去看。色度即茶叶的颜色及深浅程度，光泽度指茶叶接受外来光线后一部分光线被吸收，一部分光线被反射出来，形成茶叶的色面，色面的亮暗程度，即光泽度。干茶的光泽度可以从润枯、鲜暗、匀杂等方面去评审。

润枯： 润表示茶条似带油光，色面反光强，油润光滑，是品质好的标志。枯指的是有色而无光泽或光泽差，说明茶叶品质差。比如，红茶以乌黑油润为好；绿茶以翠绿或银灰色有光的质量为好；而劣变茶或陈茶色泽较枯暗。

鲜暗： 鲜为色泽鲜艳、鲜活，给人以新鲜感，表示茶叶嫩而新鲜，是新茶所具有的色泽。暗表示茶色深又无光泽。

匀杂： 匀表示色调一致，给人以正常感。如色调不一致，参差不齐，茶中多黄片、青条、红梗红叶、焦片焦边等谓之杂，表示鲜叶老嫩不匀，初制不当，存放不当或过久。

汤色

汤色指茶汤的色泽，汤色审评要快，尤其是绿茶易氧化变色。汤色审评主要从色度、亮度、浑浊度三方面来进行。

色度：主要从正常色、劣变色和陈变色三方面去看。正常色指在正常加工条件下制成的茶，冲泡后呈现的汤色，如绿茶绿汤，绿中呈黄；红茶红汤，红艳明亮；乌龙茶汤色橙黄明亮；黄茶黄汤；白茶汤黄浅而淡；黑茶汤橙黄浅明等。劣变色是指由于鲜叶采运、摊放或初制不当等导致变质，造成汤色不正。陈变色主要是由茶叶的陈化特性造成的，如绿茶的新茶汤色绿而鲜明；陈茶灰黄或黄褐。

亮度：指亮暗程度。凡茶汤亮度好的，说明品质佳；亮度差的，说明品质次。茶汤能一眼见底为明亮，如绿茶看碗底反光强就是明亮，红茶还可看汤面沿碗边的金黄色的圈（称"光圈"）的颜色和厚度，光圈鲜明而宽的，亮度好，品质为好；光圈暗而窄的，亮度差，品质为差。

浑浊度：指清澈或浑浊程度。清澈指汤色纯净透明，无混杂，一眼见底，清澈透明，浊与混或浑含义相同，指茶汤不清，视线不易透过汤层，难见碗底，汤中有沉淀物或细小浮悬物。劣变或陈变产生的酸、馊、霉、陈的茶汤，浑浊不清。但在浑汤中要区别这种特殊情况，即"冷后浑"或称"乳状现象"，这是咖啡因和多酚类的络合物，它溶于热水，而不溶于冷水，冷后被析出，所以，茶汤冷后所产生的"冷后浑"是品质好的表现。

香气

茶叶的香气因茶树品种、产地、季节、采制方法等不同而有所差异，各有各的特色。而且即使是同一类茶，也会因为产地的不同而有不同的香气。审评香气主要比较纯异、高低和长短。

纯异： 纯指某茶应有的香气，异指茶香中夹杂其他气味或称不纯。纯正的香气要区别三种类型，即茶类香、地域香（也称风土香）和附加香气（主要指窨制的花茶）。

高低： 香气的高低可通过以下六个字来区别，即浓、鲜、清、纯、平、粗。

浓，香气高长、浓烈，入鼻充沛有活力，刺激性强。鲜，香气清鲜，给人醒神爽快之感。清，清爽新鲜之感。纯，香气一般，无异杂气味，感觉纯正。平，香气平淡，无杂异气味。粗，感觉糙鼻，有时感到辛涩，都属粗老气。

长短： 是指香气时间的长短或持久程度。茶叶的香气以高长、鲜爽馥郁为好，高而短次之，低而粗为差。

滋味

滋味是指饮茶后的口感反应。纯正的滋味有浓淡、强弱、鲜爽、醇和。不纯正的滋味有苦、涩、粗、异。

纯正： 是指品质正常的茶类应有的滋味。浓淡，浓指浸出的内含物质丰富，刺激性强，并富有收敛性；淡则相反，内含物少，淡薄缺味，但属正常。强弱，强指茶汤入口苦涩且刺激性强，吐出茶汤短时间内味感增强；弱则相反，入口刺激性小。鲜爽，鲜似食新鲜水果所觉爽快，爽指爽口。醇和，醇表示茶味尚浓，回味也爽，但刺激性欠强；和表示茶味淡，刺激性弱而正常可口。

不纯正： 表示滋味不正或变质有异味。苦，茶汤入口先微苦后回甘，这是好茶；先微苦后不苦也不甜者次之；先微苦后也苦者又次之；先苦后更苦者最差。后两种味觉反应属苦味。涩，茶汤入口有麻嘴、紧舌之感，先有涩感后不涩的属于茶汤滋味的特点，不属于味涩，而吐出茶汤后仍有涩味的才属涩味。粗，粗老茶汤味在舌面感觉粗糙，可结合有无粗老气来判断。异，属不正常滋味，如霉、馊、烟、焦、酸味等。

南山毛芽叶底

◦ 叶底

干茶冲泡时吸水膨胀后的状态，在叶底中暴露和揭晓，审评叶底主要看嫩度、色泽和匀度。

嫩度： 以芽与嫩叶的含量比例和叶质老嫩来衡量，芽以含量多、粗而长的为好，细而短的为差，但并非绝对。叶质老嫩可以从软硬度和有无弹性来区别：手指压叶底柔软，放手后不松起的嫩度好；硬，有弹性，放手后松起表示粗老。叶脉隆起、触手的为老，不隆起、平滑不触手的为嫩，叶肉厚软为上，软薄者次之，硬薄者又次之。

千岛玉叶叶底

色泽： 主要看色度和亮度，其含义与干茶色泽相同。如绿茶叶底以嫩绿、黄绿、翠绿明亮者为优，深绿较差，暗绿带青张或红梗红叶者次；红茶叶底以红艳、红亮者为优，红暗、青暗、乌暗花杂者为差。

青城雪芽叶底

匀度： 主要从老嫩、大小、厚薄、色泽和整碎去看，上述因子都较接近，一致匀称为好，反之则差。

赛山玉莲叶底

干看外形、湿看内质审评法

茶叶品质的好坏、等级的划分及价值的高低，主要通过感官审评来决定。感官审评又可以分为干茶审评和开汤审评，即干评和湿评，通过对茶叶进行外形干评和内质湿评来确定茶叶品质的优劣。干看指在冲泡前观看茶叶的外形，主要内容有条索（包括嫩度）、整碎、净度、色泽；湿看就是将茶叶冲泡后，通过嗅香气、看汤色、尝滋味、评叶底来进一步做出判断。

干看外形（干茶审评）

取样茶 100 ~ 150 克（必须有代表性）置于茶样盘中，摇盘数次，使粗大的茶叶浮在上面，细碎末下沉，分成面张、腰档、下身三段，即上、中、下三段。先看面张茶的大小、松紧、色泽的枯润、夹什物的多少以及面张茶所占比例；再看腰档茶的色泽、松紧、身骨轻重和所占的比例；最后看下身茶的断碎程度、片末的多少。综合评定三段茶的比例是否匀称，一般以中段茶多为好，如中段茶太少，被称为"脱挡"。审评绿茶、红茶，干看时以条索和嫩度为主确定外形等级，一般来说，名优绿茶形美，嫩度高；而审评乌龙茶，干看时以条索、色泽为主。

湿看内质（开汤审评）

开汤，俗称泡茶或沏茶，为湿看内质的重要步骤。精制成品茶的审评杯容量为 150 毫升；乌龙茶的审评杯容量为 110 毫升，取茶样 3 克（乌龙茶 5 克）置于审评杯内，杯盖放在配套的审评碗内，然后冲入 100℃的沸水 150 毫升（乌龙茶冲入 110 毫升），正好齐杯口，立即计时，到 5 分钟（乌龙茶冲泡 2 ~ 4 次，每次 2 ~ 5 分钟）时即将茶汤倒入审评碗内。先嗅香气，快看汤色，再尝滋味，后评叶底。但在审评绿茶时，有时先看汤色再嗅香气，在香气、滋味正常的条件下，以叶底嫩匀度为主确定内质等级，而乌龙茶的审评方法与其他茶类有所不同，湿看着重于香气、滋味。

大众品鉴法：一观二闻三品

茶叶买来后，平常百姓可以简单地通过"一观二闻三品"来辨别茶叶优劣，即观看干茶的外形、闻干茶的香气、品茶汤的味道。

◗ 观外形

一般高档茶色泽鲜活有光泽；而低档茶色枯无光泽或多粗老片。高档茶应剔净茶类及非茶类夹杂物；而低档茶允许带有部分茶尖夹杂物，但绝不允许有非茶类夹杂物存在。一般高档条形茶，原料细嫩，做工精细，其条索紧细，锋苗显露，含毫量多；而低档条形茶原料粗老，做工粗放，条索较松。

◗ 闻香气

高档茶香气馥郁，鲜爽持久；中档茶茶香虽高，但不持久；低档茶茶香低，常带粗气。若有霉、烟、馊、焦、老火等气味，则为次品茶，严重者应视为劣变茶。

◗ 品茶汤

冲泡好后，先看汤色，一般高档绿茶汤色以嫩绿明亮、杏绿明亮为好；红茶以红浓明亮、金圈金黄明亮为好。再品滋味，辨别滋味是否纯正、浓或淡、强或弱、鲜爽、醇和、苦涩、有无刺激性等。茶汤以入口微苦，回味很甜为好，以入口苦，口味苦涩为最差。一般细嫩的高级绿茶以鲜醇回甘为好；红碎茶滋味以浓强鲜爽为好；工夫红茶以鲜甜嫩爽或鲜浓甘爽为好；乌龙茶以醇厚回甘为好。如果在汤色上绿茶茶汤变成了红色或者汤色变褐色、变暗，在滋味上茶汤的浓度、收敛性和鲜爽度都明显改变太多，就说明购买的茶叶质量差。对于有油臭味、焦味、青臭味、陈旧味、火味、闷味或其他异味的茶叶，则可鉴别为劣品。

摸茶叶的干燥程度，鉴别品质优劣

茶叶的干燥度是衡量茶叶品质优劣的一个重要因素。各类毛茶的含水量在6%～7%，品质较稳定，含水量超过10%的毛茶易陈化，超过12%易霉变。品质优良的茶叶做工精细，成品茶含水量低，含水量通常在5%以下。

看茶叶是否干燥，可以通过手指来辨别。如果用拇指与食指轻轻捏一下茶叶就碎了，而且皮肤会有轻微刺痛的感觉，就说明茶叶的干燥程度良好，茶叶含水量在5%以下；或者拿部分茶叶放在拇指与食指之间用力捻，条脆、嫩梗轻折即断，有刺手感，并成粉末，则说明干燥度足够。如用力重捏茶叶不易碎，则说明茶叶已受潮回软，难储存且较易变质，冲泡后香气也不高。

辨别细毫法，一眼认出是"名茶"

辨别细毫法，其实就是从茶叶嫩度这个角度来辨别茶叶的品质优劣。芽上有毫又称茸毛，茸毛多，长而粗的，表示嫩度好，做工也好，品质就佳。如果原料嫩度差，即使做工再好，茶条也无白毫和锋苗。其实，芽叶嫩度以多茸毛做判断依据，只适用于毛峰、毛尖、银针等"茸毛类"名茶。

在条件相同的情况下，白毫和芽尖含量高的嫩度高、品质好。所以，含有较多白毫的绿茶，以及含有较多金黄芽尖的红茶，均为高级茶。毫的稀密、芽的多少，常因地区、茶类、季节、机械或手工揉捻等而不同。同样嫩度的茶叶，春茶显毫，夏秋茶次之；高山茶显毫，平地次之；人工揉捻显毫，机揉次之；烘青比炒青显毫。

一般来说，炒青绿茶看芽苗，烘青绿茶看芽毫，炒青的茶叶，茸毛脱落，不易见毫（如西湖龙井），而烘制的茶叶茸毛保留，芽毫显而易见（如特级信阳毛尖显锋苗，白毫密布；特级黄山毛峰锋显毫露，全身白色细茸毫）。但有些采摘细嫩的名茶，虽是炒制，因手势轻，嫩度高，芽毫仍显露。故而，许多绿茶炒制成形后，能够形成自然的细毛，这样的茶叶一般是芽尖，价格比较贵，喝起来口感清爽、甜香，是茶叶中的名品。如高级碧螺春，茶汤中多茸毛，浮悬在汤层中，这是品质好的表现。

乔木茶、灌木茶、古树茶

◆ 乔木茶

乔木茶是指在乔木型茶树上采摘鲜叶制作而成的茶。乔木型茶树有高大的主干，可以长到几米到几十米高，需要站在树上采茶。云南是茶叶的故乡，而其种茶制茶的历史又十分悠久，在澜沧江流域，有很多唐宋时期种植的树干直径超过30厘米的茶树，这些树就是茶界所称的"乔木普洱茶"树。这些茶树大多种植在山坡、荒地上，由于不便于施肥、洒药，这种茶的产量相对较少，但绿色健康、茶质粗壮、茶味醇厚、品质上等。

半乔木型茶树介于乔木茶与灌木茶之间，如云南有的大叶种茶树就是半乔木型，福鼎大白茶也是半乔木型茶。

◆ 灌木茶

灌木茶比较矮小，主干和分枝的区别不是很明显，主要分布在江南茶区，比较适宜茶园成片栽植。需说明的是，台地茶不一定就是灌木茶。在云南的很多地方可以看到台地茶园，茶树大都不足1米高，这是乔木茶矮化了的结果，它们仍然是乔木型茶。

◆ 古树茶

古树茶的价格一般都比较昂贵，因此常常被不良茶商以普通茶冒充。树龄至少为100年的茶树产的茶叶才能称为古树茶，如果是60～100年树龄的茶树所产的茶叶只能称为老树茶。古树茶在中国主要有野生古树茶、古树茶园、生态古树茶等。

古树茶因为根植较深，不需要人工浇水施肥，茶树本身所需水分及营养都是靠树根自身吸收输送完成的，因此茶叶本身所含的矿物质相对比较高。再加上数百年的自然选择，古树茶本身的生命力非常顽强，也不需要人工喷洒农药驱除病虫害，因此也不存在农药超标的问题。所以古树茶的意义不在于其活了多少年，而在于岁月的累积使古树茶的滋味更加醇和，对人体健康更为有益。

辨别新茶与陈茶

俗话说，新茶是茶，旧茶是草。新茶与陈茶是相比较而言的，所谓新茶是指用当年采摘的茶树鲜叶加工而成的茶叶；上一年或更早以前采制加工的茶叶即使保存良好，也统称为陈茶，陈茶会产生陈气、陈味和陈色。因此，在选购时，一般购买近期生产的茶叶，即购新茶，少购陈茶。选购的茶叶是新茶还是陈茶，可以从以下几个方面来辨别。

观色泽。总体来说，新茶看起来色泽油亮、清新悦目，而隔年的陈茶色泽枯黄。具体来说，绿茶新茶色泽青翠嫩绿，汤色黄绿明亮；而陈茶色泽枯灰黄绿，汤色黄褐不清。红茶新茶色泽乌润，汤色红橙泛亮；而陈茶色泽灰暗，汤色浑浊不清。

闻香气。新茶香气浓，清香馥郁；而陈茶香气淡，显得低闷浑浊。

品滋味。大部分茶类新茶的滋味都醇厚鲜爽，而陈茶滋味平淡。

看汤色。新茶汤色清淡鲜透，而隔年的陈茶汤色偏红偏浓。比如，茉莉花茶新茶的汤色呈金黄色或黄而明亮，而陈茶汤色往往发红。

看体质。新茶尤其是"现炒现卖"的春茶，刺激性强，对于神经衰弱、胃肠功能较差、患有心血管疾病的人及老年人来说，多喝会产生不适症状，陈茶反而更适合以上人群饮用。

然而，并非所有的新茶都比陈茶好，有的茶叶品种适当储存一段时间，品质反而会更好。比如，名茶西湖龙井和洞庭碧螺春，在生石灰缸中储存1~2个月后可以去除生涩的青草味，冲泡后不仅汤色清澈晶莹，而且滋味鲜醇可口，叶底青翠润绿。另外，不少黑茶，如湖南黑毛茶、广西六堡茶、云南普洱茶，只要储存方法得当，反而会变得香气馥郁、韵味深沉。又如，福建的武夷岩茶只要存放得当，隔年陈茶反而香气馥郁、滋味醇厚。

春茶、夏茶与秋茶的鉴别

当年的茶叶根据采摘、炒制的时间又可以细分为春茶、夏茶和秋茶。5月底以前采制的为春茶，6月初至7月上旬采制的为夏茶，7月以后采制的就算秋茶了。通常来说，春茶是一年中品质最好的茶，买茶时近期生产的春茶是上选，一般所说的新茶也主要指春茶。

春茶成长期间一般没有病虫危害，不需要使用农药，茶叶污染少，所以春茶芽中肥壮，色泽翠绿，白毫显露，氨基酸、维生素含量高，比夏、秋茶的滋味更为鲜爽，香气更为浓烈，保健功效更为明显。春茶是一年中品质最好的茶。

茶氨酸是茶叶中特有的游离氨基酸，茶叶中鲜爽甜润的滋味就是它带来的。夏茶中的氨基酸含量明显较低，而花青素、咖啡因、茶多酚的含量比较高，口感变得苦涩。

高山茶与平地茶的鉴别

茶叶按照生长环境可分为平地茶和高山茶。欲求名茶，须向高处寻。我国的历代贡茶、传统名茶以及当代的新茶，大多出自高山，如黄山毛峰、武夷岩茶、信阳毛尖、台湾大庚岭茶、庐山云雾等。明代陈襄诗曰"雾芽吸尽香龙脂"，说的是高山茶之所以品质佳，是因为在云雾中吸收了"龙脂"的缘故。但平地茶园或丘陵茶园也同样可以生产出高品质的茶叶。高山茶与平地茶相比，不仅茶叶形态不一，茶叶内质也不相同。相比而言，两者的品质特征有如下区别。

◗ 观外形

高山茶芽叶肥硕，颜色翠绿，茸毛多，节间长，鲜嫩度好，由此加工而成的茶叶，往往条索肥硕、紧结，白毫显露；而平地茶的芽叶较小，叶底硬薄，叶张平展，叶色黄绿欠光润，由它加工而成的茶叶，条索细瘦，身骨较轻。

◗ 闻香气

高山茶的香气一般高于平地茶。在制作良好的情况下，高山茶带有特殊的花香；而平地茶香气稍低。

◗ 品滋味

高山茶滋味浓，耐冲泡；平地茶滋味较淡。高山茶与平地茶差异最明显的是香气和滋味两项。平常茶人所说的某茶"具有高山茶的特征"，就是指茶叶香高、味浓。

明前茶、雨前茶的鉴别

明前茶及雨前茶都属于春茶，同为一年之中的佳品。通常所说的新茶也主要指春茶。中国农历每隔 15 天为一节气，4 月 5 日左右是清明，4 月 20 日左右是谷雨，较为考究的新茶要在清明或谷雨两个节气前采摘，于是就有了明前茶和雨前茶。

▌ 明前茶

清明节前采制的茶叶称"明前茶"。明前茶由于受虫害侵扰少，芽叶细嫩，香气物质和滋味物质含量丰富，色翠香幽，味醇形美，是茶中佳品。同时，由于清明节前气温普遍较低，茶树发芽数量有限，生长速度较慢，能达到采摘标准的产量很低，物以稀为贵，所以有"明前茶，贵如金"之说。

▌ 雨前茶

4 月 5 日以后至 4 月 20 日左右采制的茶叶称"雨前茶"，又叫谷雨茶、二春茶。"清明太早，立夏太迟，谷雨前后，其时适中"，对江浙一带普通的炒青绿茶来说，清明后、谷雨前，确实是最适宜采制春茶的季节。雨前茶虽不及明前茶那

么细嫩，但由于这时气温高，芽叶生长速度相对较快，积累的内含物也较丰富，因此，雨前茶往往滋味鲜浓而耐泡。雨前茶有一芽一嫩叶或一芽两嫩叶的。一芽一嫩叶的茶叶泡在水里像展开旌旗的古人的枪，被称为旗枪；一芽两嫩叶则像一个雀类的舌头，被称为雀舌。

◗ 明前茶、雨前茶哪个更好

不少人总认为明前茶比雨前茶好。其实，明前茶虽然外形好看，细嫩品质好，但不经泡，两三泡之后，味道就变淡了；而雨前茶多泡仍回味绵长。另外，明前茶比雨前茶贵多了，真正买明前茶自己喝的人较少，大多是买来赠人的。所以，懂茶的人通常都是买谷雨前一两个星期的茶自己慢品，爱茶之人常把雨前茶珍藏起来。

茶叶行家们说出的理由更让人信服：一是雨前茶因气温适宜，发育充分，叶肥汁满，汤浓味厚，远比明前茶耐泡；二是雨前茶价格优惠，物有所值。《神农本草经》一书中就说：雨前茶"久服安心益气……轻身不老"。雨前茶经过雨露的滋润，营养丰富，喝了对人的身体特别好，可通全身不畅之气：以茶驱腥气、以茶防病气、以茶养生气。

窨花茶和拌花茶的鉴别

正宗的花茶都是用鲜花窨制的。而所谓拌花茶，是茶叶未经窨花而拌入一些花茶窨制后剔出的花干，有的还喷上香精来冒充窨花茶。在品评花茶的优劣时，香气是主要品质因子。同样的，鉴别窨花茶与拌花茶的常用方法就是闻香气。

◦ 干闻

窨花茶具有独特和持久的花香，例如，茉莉花茶馥郁芬芳，鲜灵持久；玉兰花茶香气浓烈；珠兰花茶浓纯清雅；玳玳花茶香气浓郁。用双手捧上一把茶干闻，有浓郁花香者即为窨花茶，有茶味而无花香者则属拌花茶。

少数在茶叶表面喷上香精，再掺上些花干后充作窨花茶的，比较难以鉴别。不过，这种花茶的香气只能维持1~2个月，即使在香气有效期内，其香气也有别于天然鲜花的纯清，冲鼻且带有闷浊之感。

◦ 热闻

如果用开水沏泡，只要热闻，更易检测。窨花茶头次冲泡花香扑鼻，这是提花使茶叶表面吸附香气的结果，在第二泡、第三泡时，仍可闻到不同程度的花香，这是窨花的结果。而拌花茶最多也只是在第一泡时，能闻到一些低沉的花香，若再续水冲泡，就难以闻到花香了。

茶的种类

一般人对茶的分类都按制造茶叶时的发酵程度来分，大约可分为三种：不发酵茶、部分发酵茶、全发酵茶。

不发酵茶

不发酵茶是指在制作过程中没有经过发酵的茶，在六大基本茶类中，仅有绿茶是未发酵的，因此不发酵茶实际上指的就是绿茶。

部分发酵茶

部分发酵茶是在制作过程中经过部分程度发酵的茶，包括白茶、黄茶和乌龙茶。其中，白茶和黄茶是轻微发酵茶，与不发酵茶相近；而乌龙茶的发酵程度较高，又称为半发酵茶。部分发酵茶的发酵程度越低，颜色就越浅，也就越接近绿茶；反之，发酵程度越高，颜色就越深，也就越接近红茶。

全发酵茶

全发酵茶是在制作过程中经过完全发酵的茶，在六大基本茶类中对应的是红茶。红茶发酵的实质是在多酚氧化酶的作用下，茶叶中原本无色的多酚类物质在氧化后形成红茶色素，而在此过程中，茶叶的色、香、味也都会发生相应的变化。

黑茶也被有的人叫作全发酵茶，但黑茶是在揉捻之后以渥堆的方式通过微生物的作用来使茶叶内的物质发生变化的，因此应该称为后发酵茶。

绿茶　色绿形秀透清香

绿茶在我们的生活中很常见，如洞庭碧螺春、西湖龙井等。除了对人体健康有益，绿茶的色泽也历来受到赞美，宋代陈襄就有"烹茶绿云起"的诗句。

绿茶概述

绿茶是我们祖先最早发现和使用的茶，也是我国产量最多、饮用最广的茶类。在各类茶中，绿茶的名品最多，如西湖龙井、碧螺春、蒙顶甘露、黄山毛峰等。绿茶具有内敛的特性，冲泡后水色清冽，香气馥郁清幽，能给人一片青翠和静谧的享受，十分适合浅啜细品。与此同时，绿茶也拥有其他茶类所不及的显著的医疗保健效果。

主要产区： 浙江、安徽、四川、江苏、江西、湖南、湖北等地。

品质特征： 清汤绿叶、形美、色香、味醇。

绿茶的衍生品——抹茶与绿茶粉

抹茶是用天然石磨碾磨成微粉状的蒸青绿茶，最大限度地保持了茶叶原有的天然绿色以及营养、药理成分，不含任何化学添加剂，是一种"变喝茶为吃茶"的方式，广泛添加于各类蛋糕、面包、饼干以及雪糕、巧克力中。需要注意的是，抹茶不是绿茶粉，二者有本质区别。绿茶粉是把绿茶用瞬间粉碎法粉碎而成的绿茶粉末。

抹茶的原料是蒸青绿茶，而绿茶粉的原料是普通的炒青；抹茶的制作工艺比较复杂，而绿茶粉工艺很简单，将绿茶通过粉碎机进行瞬间粉碎；抹茶因为覆盖蒸青，呈深绿或者墨绿，绿茶粉为草绿；抹茶不涩少苦，绿茶粉略苦涩；抹茶呈海苔、粽叶香气，绿茶粉为青草香；抹茶颗粒很细，涂在手背上可以全部进入毛孔，绿茶粉颗粒比抹茶粗很多；抹茶平均价格在 2000 元 / 斤，而普通的绿茶粉价格每斤从几十元到几百元不等。

市场上不少抹茶食品里添加的仅仅是绿茶粉，为了口感和颜色，添加香精和色素的也比较多。

绿茶的种类

根据加工工艺的不同，绿茶可分为炒青绿茶、烘青绿茶、晒青绿茶和蒸青绿茶。

分类	特点	品种
炒青绿茶	这是一种经杀青、揉捻、烘干等工序制作而成的绿茶，具有"外形秀丽、香高味浓"的特点	长炒青：珍眉、秀眉等 圆炒青：珠茶 细嫩炒青：龙井、碧螺春、蒙顶甘露等
烘青绿茶	这是用炭火或烘干机烘干的绿茶，其品质特征是茶叶的芽叶较完整，外形较松散	普通烘青：闽烘青、浙烘青等 细嫩烘青：黄山毛峰、太平猴魁、高桥银峰等
晒青绿茶	这是一种直接用太阳晒干的绿茶，最明显的特征是有"浓浓的太阳味"，并且制出的茶叶滋味浓重，是制作紧压茶的原料	滇青、川青、陕青等
蒸青绿茶	这是采用热蒸气杀青而制成的绿茶，有叶绿、汤绿、叶底绿的"三绿"品质	煎茶、玉露、碾茶等

绿茶的制作工艺

虽然各种绿茶的具体加工工艺各有差异，但是其基本的工序是一致的，即杀青—揉捻—干燥。

◗ 杀青

杀青是绿茶制作的第一步工序，也是绿茶形成"清汤绿叶""香高味醇"品质的关键工序，将直接决定绿茶品质的优劣。

杀青的目的有四个：一是阻止多酚类物质的氧化，使茶叶保持应有的绿色；二是将鲜叶中低沸点的具有青草气味的成分如青叶醇、青叶醛等挥发掉，发展茶叶的香气；三是减少茶叶中的花青素和具有苦涩味的苷类物质，增进绿茶鲜、爽、醇的滋味；四是减少鲜叶的水分，使叶质柔软有韧性，便于揉捻成形。

杀青有三种方式：锅式杀青、滚筒杀青和蒸气杀青。

杀青

揉捻

◆ 揉捻

杀青之后，就进入了揉捻工序。揉捻是造就绿茶各种外形不可缺少的程序。

揉捻的目的有两个：一是破坏茶叶的细胞组织，使茶叶中的内含成分能充分浸出，提高茶汤的浓度；二是通过揉捻使茶叶更加紧实，保持干茶条索的完整，减少断碎，以利于保存；三是利用揉捻的不同手法和轻重，塑造茶叶的不同形状。

揉捻的方法有手工揉捻和机器揉捻。

◆ 干燥

干燥是绿茶加工的最后一道工序，与绿茶的品质有密切的关系。干燥的目的是挥发茶叶中多余的水分，以保持茶叶中酶的活性，固定茶形。

干燥

绿茶的冲泡

● 适用茶具

玻璃杯（壶）、盖碗、瓷壶（杯）。常规待客冲泡绿茶选用厚底玻璃杯，既方便又礼貌。

● 水温

高档名优绿茶是采摘细嫩鲜叶制作而成，一般用 80℃左右开水冲泡才能不破坏茶的性质。普通绿茶因采摘的茶叶老嫩适中，水温可略高，一般用 85℃左右的开水冲泡即可。居家泡饮绿茶，饮水机热水的水温就适合。

● 投茶量

茶与水的比例一般为 1∶50，也可根据茶叶的老嫩、滋味的浓淡程度以及个人喜好适当增减。

● 投茶方法

冲泡绿茶的投放方法有三种：上投法、中投法和下投法。

上投法
先将开水注入杯中约七分满，待水温凉至 75℃左右时，将茶叶投入杯中，稍后即可品茶。

中投法
先将开水注入杯中约 1/3 处，待水温凉至 80℃左右时，将茶叶投入杯中少顷，再将约 80 ℃的开水徐徐加入杯的七分满处，稍后即可品茶。

下投法
先将茶叶投入杯中，再用 85℃左右的开水加入其中约 1/3 处，约 15 秒后再向杯中注入 85℃的开水至七分满处，稍后即可品茶。

♦ 绿茶的一般泡法

1 温杯
用热水淋洗茶杯，既可清洁茶具又可提高茶杯的温度。

2 冲水
冲泡采用中投法，将热水倒入杯中约占玻璃杯的1/4。

3 投茶
用茶匙把茶荷中的茶拨入茶杯中，茶与水的比例约为1：50。

4 温润泡
轻轻摇动杯身，使茶汤均匀，加速茶与水的充分融合。

5 冲泡
凤凰三颔首，执壶冲水，似高山涌泉，飞流直下。茶叶在杯中上下翻动，促使茶汤均匀，同时，也蕴含着三鞠躬的礼仪。

6 品饮
待杯中的茶叶充分舒展以后即可品饮。

洞庭碧螺春

产地
江苏省苏州市吴中区太湖洞庭山

推荐品牌
御泉牌、至心堂等

适宜人群
适合女性茶友或商务伙伴

[冲泡] 直筒玻璃杯，水温在 70℃~80℃，上投法。

[色泽] 银绿隐翠。

[香气] 清高浓郁。

[滋味] 头道茶色淡、幽香、鲜雅；二道茶翠绿、芬芳、味醇；三道茶碧清、香郁、回甘。

　　洞庭碧螺春是我国名茶的珍品，"中国十大名茶"之一，一向以形美、色艳、香浓、味醇"四绝"闻名中外，其外形条索纤细，茸毛遍布，白毫隐翠。洞庭碧螺春产区是我国著名的茶、果间作区。茶树和桃、李、杏、梅、柿、橘、白果、石榴等果木交错种植，茶树、果树枝丫相连，根脉相通，茶吸果香，花窨茶味，陶冶出了碧螺春花香果味的天然品质。

名茶逸事

　　碧螺春原名叫"吓煞人香"，传说有一位尼姑上山游玩，在路边顺手摘了几片茶叶，回家泡茶后，异香扑鼻，脱口叫道："香得吓煞人！"从此，当地人就叫它"吓煞人香"。清朝康熙年间，康熙皇帝品尝了这种茶后，交口称赞，推崇备至。只是觉得这茶名叫"吓煞人香"不太雅，于是题名"碧螺春"，并将其列为贡品。

◆ 茶叶鉴赏

上好碧螺春条索均匀，茶芽幼嫩、完整，形曲如螺，一芽一叶，芽为白毫，叶为卷曲青绿色，无叶柄，无"裤子脚"，无黄叶和老片。劣质碧螺春为一芽二叶，芽叶长度不齐，呈黄色，整体颜色发黑、发绿、发青、发暗。

◆ 名茶品饮

当碧螺春投入杯中，茶即沉底，瞬间"白云翻滚，雪花飞舞"，香气袭人。滋味鲜美甘醇，鲜爽生津，隐有花和水果的清香。一酌幽香鲜雅，二酌翠绿芬芳，三酌香郁回甘。

形状：条索纤细、卷曲似螺、边沿上有一层均匀的细白茸毛。

汤色：碧绿清澈。

叶底：嫩绿明亮。

西湖龙井

[冲泡] 玻璃茶杯，水温在85℃左右，下投法。

[色泽] 以嫩绿为优，嫩黄色为中，暗褐色为下。

[香气] 优雅清高，隐有炒豆香或兰花豆香。

[滋味] 鲜醇甘爽，沁人心脾，饮之齿间流芳，回味
无穷。

西湖龙井是中国第一名茶，其制作历史非常悠
久，始于唐朝，得名于宋朝，闻名于元朝，发扬于
明朝，到清朝就更加兴盛了。西湖龙井以"色绿、香
郁、味甘、形美"四绝著称于世。杭州的秀美，西湖
龙井的清香，再加上虎跑泉的灵动，造就了充满灵性
的龙井茶，也造就了杭州独特的茶文化。

● 茶叶鉴赏

正宗西湖龙井挺直削尖、扁平挺秀、光滑匀齐，
色泽绿中带黄，狮峰龙井更是呈天然的糙米色。香气
浓郁，有"兰花豆"香。

产地
浙江省杭州市西湖一带

推荐品牌
御牌、贡牌、狮牌、西
湖牌、卢正浩牌等

适宜人群
适合馈赠给刚刚接触茶
叶的茶友或商务伙伴

名茶逸事

有一次，乾隆皇帝正在狮峰山下胡公庙前游玩，
突然有太监来报，说是太后病了，请乾隆皇帝速速回
京。乾隆皇帝闻讯以后，火速赶回京城。乾隆皇帝
冲泡了一杯从胡公庙带回的龙井茶给太后喝。太后喝
后，心情大为舒畅，食欲也有了，连夸龙井茶胜似灵
丹妙药。乾隆皇帝见太后病好了，立即传旨将胡公
庙前的十八棵茶树封为御茶，年年采制，专供太后
享用。

● 名茶品饮

冲泡西湖龙井茶水温要控制好。水温可控制在85℃左右，切不可用100℃的沸水。可选用上投法或者下投法。冲泡后，香气清高持久，香馥若兰；汤色杏绿，清澈明亮，叶底嫩绿，匀齐成朵，芽芽直立，栩栩如生。品饮茶汤，沁人心脾，齿间流芳，回味无穷。

选购西湖龙井时应仔细观察、品尝。包装上都应有当地的国家地理认证标志，产品标明是"西湖龙井"，这其中又以狮峰为最。真品西湖龙井外形扁平，叶细嫩，条形整齐，宽度一致，色泽黄绿，手感光滑，不带夹蒂或碎片，品之馥郁鲜嫩，隐有炒豆香或兰花豆香。而假冒龙井夹蒂较多，手感不光滑，色泽为通体碧绿，就算是黄中带绿，也是"焖"出来的黄焦焦的感觉，且多含有青草气。

西湖龙井一共分为六级，分别是特级、一级、二级、三级、四级、五级，其中以"明前茶"最为珍贵。散装二级新茶60元/50克左右，一级是90元/50克左右，特级为100～700元/50克。

存放时切忌与空气接触。一般大量储存可以选择瓷坛子、锡罐密封等；少量的用家用小型茶叶罐冷藏即可，并且不可接触到外界异味，以防串味变质。

形状：外形扁平光滑，形状有如"碗钉"。

汤色：高档龙井的汤色显嫩绿、嫩黄的占大多数，中低档龙井和失风受潮茶汤色呈黄褐。

叶底：嫩绿明亮，匀齐，芽芽直立，细嫩成朵。

黄山毛峰

产地
安徽省黄山一带

推荐品牌
谢裕大、徽特牌等

适宜人群
资深茶友

[冲泡] 玻璃茶杯、带托茶碗，水温在85℃~90℃，
中投法。

[色泽] 色如象牙，鱼叶金黄，锋显毫露。

[香气] 高档茶清香带花香，低档茶无花香。

[滋味] 鲜浓，醇和高雅，回味甘甜。

　　黄山毛峰以其独特的"香高、味醇、汤清、色润"被誉为茶中精品，是"中国十大名茶"之一。清代《素壶便录》记述："黄山有云雾茶，产高山绝顶，烟云荡漾，雾露滋培，其柯有历百年者，气息恬雅，芳香扑鼻，绝无俗味，当为茶品中第一。"而黄山云雾即为毛峰的前身。

◆ 茶叶鉴赏

　　特级黄山毛峰外形美观，形似雀舌，满披白色细茸毫，锋显毫露，色似象牙，鱼叶金黄。冲泡后，清香高长，汤色清澈带杏黄，滋味鲜浓、醇厚、甘甜，

名茶逸事

　　明朝天启年间，江南知县熊开元有一次到黄山游玩，借宿在寺院中。方丈给他泡茶时，熊开元见到热气绕着碗沿转了一圈，而后聚在碗中心直线升腾，在半空中化作一朵洁白的莲花。稍后，莲花继续上升，再缓缓化作一团云雾，最后又还原为缕缕热气，而随着热气的飘荡，奇异的茶香也盈满了整个房间。原来，这就是黄山毛峰。

叶底嫩黄，肥壮成朵。其中，"鱼叶金黄"和"色似象牙"是特级黄山毛峰的外形与其他毛峰不同的两大明显特征。"鱼叶金黄"指的是特级黄山毛峰茶叶一芽一叶下那片小叶子是金黄色的，真正毛峰的芽叶还是黄绿色的；而"色似象牙"特指黄山毛峰的颜色看上去是"没有光泽的，有黄有白还有点绿色"的效果。

◎ 名茶品饮

好茶配好水，用黄山泉水冲泡黄山茶，茶汤经过一夜，第二天茶碗上也不会留下茶痕。冲泡后，汤色清澈，叶底嫩黄，肥壮成朵，香气清鲜高长，韵味深长，饮后白兰香味长时间环绕齿间，丝丝甜味持久不退。

形状：外形似雀舌，匀齐壮实。

汤色：高档茶色泽嫩黄或绿带金黄，低档茶色泽呈青绿或深绿色。

叶底：嫩黄肥壮，匀亮成朵。

蒙顶甘露

[冲泡] 玻璃杯，水温在85℃左右，下投法。
[色泽] 嫩绿色润。
[香气] 馥郁，芬芳鲜嫩。
[滋味] 鲜爽，浓郁回甜，有香而醇、厚而柔、滑而润之感。

产地
四川省邛崃山脉中的蒙山

推荐品牌
蒙顶皇茶、一壶春等

适宜人群
适合馈赠给商务伙伴

　　世上有一种茶，因为味道鲜美、爽滑回甘，而被命名为甘露，它便是中国的历史名茶"蒙顶甘露"。蒙顶甘露是中国最古老的名茶，因其主要产于山顶又称"蒙顶茶"，被尊为"茶中故旧""名茶先驱"。

　　"琴里知闻惟《渌水》，茶中故旧是蒙山。""扬子江心水，蒙山顶上茶。"这是古往今来名茶爱好者赞誉蒙顶茶的著名诗句。宋代文同在《谢人寄蒙顶新茶诗》中称赞："蜀土茶称圣，蒙山味独珍。"1959年，蒙顶甘露被评为全国十大名茶，并成为国家级的礼茶。

名茶逸事

　　西汉的吴理真有一次在山间劳作时发现用一种野茶树的叶子泡水喝不仅解渴，还能治病。可这种树不多，于是他决定培育更多的茶树来治病救人。他翻山越岭，采摘茶籽，最终在蒙顶山五峰之间的一块凹地上，种下七株茶树，后人称之为"仙茶"，他本人被称为"种茶始祖""甘露大师"。

● **茶叶鉴赏**

蒙顶甘露茶，采摘细嫩，制作工艺精湛，外形美观，内质优异。其品质特点为：紧卷多毫，浅绿油润，叶嫩芽壮，芽叶纯整，汤碧微黄，清澈明亮，香馨高爽，味醇甘鲜。

● **名茶品饮**

品饮蒙顶甘露时，最好用四川特色的白瓷盖碗。将洁净的山泉水烧到初沸，再凉一两分钟，轻轻地冲入盖碗中。蒙顶甘露满身带毫毛，刚冲泡出来的茶汤会显毫浑，但是只要静置片刻，茶汤就会变得碧黄明亮。饮之如甘泉、如美露，饮后齿颊留香、余韵不绝。

形状：外形紧卷、多毫。　　汤色：碧清微黄，清澈明亮。　　叶底：嫩芽秀丽、匀整。

太平猴魁

产地
安徽省黄山市黄山区猴坑一带

推荐品牌
徽将军、艺福堂等

适宜人群
适合馈赠给资深茶友

[冲泡] 高杯玻璃杯，水温在 90℃左右，下投法。
[色泽] 苍绿匀润，叶脉绿中隐红，俗称"红丝线"。
[香气] 鲜灵高爽，有持久的兰花香。
[滋味] 鲜爽醇厚，回味甘甜。

尖茶是安徽省的特产，各类尖茶的采制技术和茶叶外形较为相似，而内质却各具风格，太平猴魁为尖茶之极品，久负盛名。太平猴魁属于烘青绿茶，是中国历史名茶，创制于清末，其色、香、味、形独具一格，有"刀枪云集，龙飞凤舞"的特点。

● 茶叶鉴赏

太平猴魁的外形是两叶抱一芽，扁平挺直，自然舒展，魁伟重实，白毫隐伏。叶片长达 5.7 厘米，叶色苍绿匀润，叶脉绿中隐红，俗称"红丝线"。

名茶逸事

清光绪年间，太平猴魁不受欢迎，卖不上价。南京叶长春茶庄在太平县新明茶区设茶号，收购茶叶，将成茶中的幼嫩芽叶单独拣出，高价销往南京等地。当时猴坑有个外号叫"王老二"的王魁成也借鉴茶商的做法，在凤凰尖茶园选肥壮幼嫩的一芽二叶，精工细作制成"王老二魁尖"。民国元年，著名士绅刘敬之向王老二购买了几斤"王老二魁尖"，品尝后十分喜爱，便取猴坑之"猴"，王魁成之"魁"，将其定名为"太平猴魁"。

太平猴魁滋味醇美，不精茶者饮用时常感清淡无味，有人云其"甘香如兰，幽而不冽，啜之淡然，似乎无味。饮用后，觉有一种太和之气，弥沦于齿颊之间，此无味之味，乃至味也"。

● 名茶品饮

宜用直筒透明玻璃杯冲泡，水温80℃左右。取5～10克太平猴魁茶叶，以根部朝下、叶尖朝上的方式理顺放入杯中，将水沿杯壁缓缓倒入杯中至茶叶完全浸没，待茶叶吸足水分后续水至八分满。冲泡后的茶芽成朵，或悬浮或沉淀，就像许多小猴子在澄明嫩绿的茶汤中搔首弄姿。滋味鲜爽醇厚，回味甘甜，独具"猴韵"；香气鲜灵高爽，有持久的兰花香，"头泡香高，二泡味浓，三泡、四泡幽香犹存"。

形状：外形两叶抱芽，扁平挺直，自然舒展，白毫隐伏。

汤色：清绿明澈。

叶底：嫩匀肥壮，成朵，色泽黄绿鲜亮。

六安瓜片

产地
安徽省六安市

推荐品牌
黄之江牌、徽六牌、江府齐茶等

适宜人群
适合馈赠给男性茶友

[冲泡] 玻璃茶具，水温在85℃左右，中投法。

[色泽] 嫩绿，含有白毫为佳。

[香气] 清香高爽，有板栗香。

[滋味] 鲜爽醇厚，回甘带有栗香味。

六安瓜片又称"片茶"，为绿茶特有的茶类，因其是单片叶制作而成，形似瓜子而得名。是中国名茶中唯一由单片鲜叶制成、不含芽头和茶梗的国家级历史名茶，也是"中国十大名茶"之一。明代许次纾在《茶疏·产茶》中说："天下名山，必产灵茶，江南地暖，故独宜茶。大江南北，则称六安……"明代科学家徐光启在其著作《农政全书》里称："六安州之片茶，为茶之极品。"六安瓜片在清朝被列为"贡品"，慈禧太后曾月奉十四两。到了近代，"六安瓜片"曾被指定为特贡茶。

◆ 茶叶鉴赏

六安瓜片外形平展，每一片茶叶都不带芽和梗，

名茶逸事

相传，在1905年前后，六安某茶行的评茶师将收购的上等绿大茶专拣嫩叶摘下，不要老叶和茶梗，作为新产品，抛售于市，卖得好价。这启发了当地一家茶行，将采回的鲜叶直接去梗，老嫩分别炒制，色、香、味都非常好。这种茶形同葵花子，遂称"瓜子片"，后来为了顺口，就成了"瓜片"。

微向上重叠，叶色呈宝石绿而微泛黄，覆有白霜。形似瓜子，内质香气清高，汤色碧绿明净，香高味醇，滋味回甜，以第二泡的香味为最好，叶底厚实明亮。

● 名茶品饮

依个人口味将3~5克茶叶放入200毫升的玻璃杯；加入1/3 85℃的水，摇动后，待茶叶充分吸水、舒展，再加水至七八分满，趁热饮用；喝至剩下1/3茶汤时，再加开水冲泡，这样前后茶汤浓度会比较均匀。

冲泡后，汤色清澈透亮，滋味醇正回甜，叶底嫩黄，整齐成朵。清香高爽，滋味香醇回甘。可以冲泡3~4次，以第2~3次为最好。瓜片不耐泡，味道比较清淡，茶越好，味越淡。

形状：形似瓜子，自然平展，大小匀整，不含芽尖、茶梗，叶缘背卷。

汤色：清澈透亮，黄绿明亮的为上品，橙黄品质欠佳。

叶底：绿嫩、明亮、厚实。

庐山云雾

产地
江西省九江市庐山含鄱口、仙人洞等地

推荐品牌
特尊、香鸣、赤脚的草帽等

适宜人群
适合馈赠给男性茶友

[冲泡] 玻璃杯，水温在 75℃～85℃，中投法。
[色泽] 嫩绿多毫。
[香气] 香气芬芳、高长，幽香如兰。
[滋味] 香高味浓，饮之爽口，齿颊久久留香。

庐山云雾被列为中国传统十大名茶之一，以"味醇、色秀、香馨、液清"而闻名于世。由于庐山地势峻拔，林木茂盛，清泉涌流，云雾蒸腾，在这种环境中生长的庐山云雾茶，便有了"色香幽细比兰花"之誉。

庐山云雾茶树萌发较晚，多在谷雨后即4月下旬至5月初开采，以一芽一叶初展芽梢为采摘标准。风味独特的云雾茶，含较多的单宁、芳香油类和维生素，不仅味道浓郁清香、怡神解泻，而且具有助消化、杀菌解毒、防止肠胃感染、抗坏血病等功效。

名茶逸事

相传庐山云雾最初是由鸟雀衔种而来，而且都生长在悬崖峭壁间，人们为了采摘此茶，都向着崇山峻岭、满布荆棘间寻找，手脚被划伤，衣服被撕破，因此它又被叫作"钻林茶"。如今的庐山云雾是庐山的一大特产，并深受人们喜爱，凡到庐山的中外游客，都会购买此茶，以馈赠亲友。

● 茶叶鉴赏

成品茶外形饱满秀丽，色泽碧嫩光滑，芽隐露，茶汤幽香如兰，耐冲泡，饮后回甘香绵。仔细品尝，其色如沱茶，却比沱茶清淡，宛若碧玉盛于碗中。

● 名茶品饮

庐山云雾茶紧结重实，香气高长，冲泡时采用"上投法"较佳。先向玻璃杯中注入约七分满的开水，待水温凉至75℃左右时，再投茶。冲泡3分钟左右即可品饮。

"庐山云雾茶，味浓性泼辣。"这是茶人对庐山云雾的总结。庐山云雾茶品饮间爽而持久、醇厚甘甜。其色如沱茶，却比沱茶清淡。

选购有方

庐山云雾茶的明前茶最为珍贵，价格最高，之后是清明茶、谷雨茶、夏茶和秋茶。知名品牌有"圆通"牌等。高档庐山云雾茶一般是一芽一叶，而且条索紧结、圆润、饱满成朵，形似兰花，芽长毫多，干茶的颜色是翠绿色。冲泡后茶汤绿而透明，叶底则是嫩绿微黄，带兰花香，口感极好。

参考价格

庐山云雾出口茶分特级、一级和二级；内销茶分特一级、特二级和一级、二级、三级。庐山云雾明前一级是15～100元/50克，特级则是20～200元/50克。

储存方式

可选用铁罐、不锈钢罐、锡罐，低温、密封保存。

形状：条索秀丽，芽壮叶肥。

汤色：清澈。

叶底：嫩绿微黄，鲜明，柔软舒展。

信阳毛尖

产地
河南省信阳市一带

推荐品牌
蓝天、文新等

适宜人群
适合馈赠给男性茶友

[冲泡] 玻璃杯，水温在85℃左右，下投法。
[色泽] 翠绿光润。
[香气] 清高，有熟果香。
[滋味] 头道苦，二道涩，三道甜。

　　信阳毛尖亦称豫毛峰，是河南省著名特产之一，也是绿茶中的珍品，以"细、圆、光、直、多白毫、香高、味浓、汤色绿"的独特风格饮誉中外。早在唐朝，茶圣陆羽所著的《茶经》就把信阳列为全国八大产茶区之一，宋代大文学家苏轼赞誉其"淮南茶，信阳第一"。旧《信阳县志》有记载："本山产茶甚古，唐地理志载，义阳（今信阳县）土贡品有茶。"1915年，信阳毛尖还在巴拿马万国博览会上获名茶优质奖。

◖ 茶叶鉴赏
　　特级信阳毛尖一般于谷雨前采摘一芽一叶初展的鲜叶为原料。其外形细秀匀直，显锋苗，白毫遍

名茶逸事

　　相传，信阳本没有茶。许多人得了一种怪病，一个叫春姑的姑娘为了能给乡亲们治病，四处奔走。最后春姑在遥远的西南方才找到能治怪病的宝树，但宝树的种子须在10天内种进泥土。看树人就把春姑变成一只画眉鸟。她很快飞回家乡，种下树籽。这时她已耗尽力气，化成一块石头。不久茶树长大，山上飞出一群小画眉，它们啄下一片片茶叶，放进乡亲们嘴里，乡亲们便痊愈了。从此，信阳就有了茶园和茶山。

布，色泽翠绿，汤色嫩绿鲜亮，香气鲜嫩高爽，滋味鲜爽，叶底嫩绿明亮、细嫩匀齐。一级信阳毛尖外形细、圆、紧、光、直，有锋苗，白毫显露，色泽翠绿，香气清香高长，略带熟板栗香，汤色翠绿鲜亮，滋味鲜浓，叶底鲜绿明亮、细嫩匀整。

● 名茶品饮

茶具用玻璃杯和白瓷碗即可，水温为85℃左右。冲泡时按三分茶七分水或四分茶六分水的比例，一般只饮三道，每次茶水剩下三分之一时，再注入下一道水。优质信阳毛尖汤色嫩绿、黄绿或明亮，香气清高，鲜爽持久，滋味鲜醇回甘，叶底鲜绿明亮，香高味浓，品饮后唇齿留香。正宗的信阳毛尖可冲泡 4～5 遍，一般头茶微苦，第二遍有些发涩，继续冲泡便能够品饮到茶之醇厚清香。

形状：外形细、圆、光、直，多白毫。

汤色：清澈，新鲜淡绿。

叶底：鲜绿清亮。

竹叶青

[冲泡] 玻璃杯，水温在 80℃～85℃，中投法。
[色泽] 嫩绿油润。
[香气] 清香馥郁。
[滋味] 鲜嫩醇爽，回味甘甜，清香沁脾。

产地
四川省乐山市峨眉山

推荐品牌
竹叶青

适宜人群
男性茶友

竹叶青产于风景胜地四川峨眉山，那里终年云雾缭绕，适合茶树生长。峨眉山茶早在晋代就很有名气，据《峨嵋读志》载："峨眉山多药草，茶尤好，异于天下。"现代竹叶青是 20 世纪 60 年代创制的名茶，其茶名是陈毅元帅所取。

竹叶青鲜叶的采摘极为讲究，必须在清明前、海拔 800～1200 米的峨眉山高山茶园采得，此时茶叶的内质最好，所含的氨基酸、叶绿素等营养物质更为丰富。采摘标准为独芽和一芽一叶初展，每一斤竹叶青就需 3 万～3.5 万片芽心精制而成。

名茶逸事

1964 年，陈毅元帅一行途经四川峨眉山，来到万年寺品尝了一杯绿茶，刚饮了两口，顿觉清香沁脾、劳倦顿消，忙问此为何茶，寺里的和尚说还没有名字，陈毅便随口说道："这茶形似竹叶，就叫'竹叶青'吧！"从此，竹叶青的名字就诞生了，并且声名远扬。

● 茶叶鉴赏

从外形看，峨眉竹叶青的确有几分竹叶的风韵，外形扁平光滑，两头尖细，挺直秀丽，色泽嫩绿油润，叶底嫩绿均匀。春茶汤色黄绿明亮、清澈，口感浓醇回甘；夏茶汤色略带浑浊，口感变为略带苦涩；秋茶汤色黄绿，口感淡雅平和。

● 名茶品饮

冲泡高档细嫩的竹叶青茶，最好用透明的玻璃茶具，更能彰显其嫩绿明亮的汤色，水温 80℃～85℃，宜采用"下投法"冲泡。茶叶在沏透泡开后的一两分钟后，清香馥郁，叶底嫩黄明亮。且竹叶青是最适合观赏"茶舞"的茶叶，泡好之后，只见叶叶竖立杯底，仿若新生的翠竹，煞是美丽。

形状：外形细、圆、光、直，多白毫。

汤色：清澈，新鲜淡绿。

叶底：鲜绿清亮。

红茶　红亮醇和味浓鲜

红茶是一种主要茶品，它经过发酵以后，能够长时间保存并且味道保持不变，这也是红茶能够传到西方并流行于西方的一个原因。

红茶概述

红茶属全发酵茶，约200年前，发源于今福建省武夷山茶区。因其干茶冲泡后的茶汤和叶底色呈红色而得名。红茶在开始创制时被称为"乌茶"，所以英语称为"Black Tea"，而非"Red Tea"。红茶种类较多，且在国外形成了独特的红茶文化，从中国引种发展起来的印度、斯里兰卡的红茶也很有名。

主要产区：福建武夷山一带。

品质特征：红茶、红汤、红叶。

红茶的种类

红茶按照加工工艺不同分为红条茶和红碎茶两种。

分类	特点	品种	
红条茶	制作时一般发酵较充分，滋味醇厚甘甜	小种红茶	正山小种
			外山小种
		工夫红茶	
红碎茶	发酵程度较轻，保留了较多的多酚类物质，滋味浓厚鲜爽，具有高锐持久、汤色红浓、冲泡时间短的特点，一般比较适合加入牛奶、糖、蜂蜜、果汁等来调饮	滇红碎茶 南川红碎茶	

红茶的制作工艺

传统红茶的制作过程大致为萎凋、揉捻、发酵和干燥。但现在随着红碎茶市场的不断扩大使CTC制茶机大受欢迎。这种方法较之传统工艺更为迅速且处理量大，但茶叶的发酵不算强烈，冲泡的茶汤有刺激性。但滋味具有浓、强、鲜的特点。下面我们主要介绍传统制茶工艺。

◦ 萎凋

萎凋分为自然萎凋和萎凋槽萎凋两种方式：自然萎凋就是将鲜茶叶放在室内或者室外阳光不是很强烈的地方，经过一定的时间，令鲜茶叶失去一定的水分而变成萎蔫凋谢的状态；萎凋槽萎凋则是将鲜茶叶放在通气槽体中，使用热空气加快鲜茶叶的萎凋过程，这是当前普遍采用的萎凋方法。

◦ 揉捻

揉捻的作用是为了使茶叶初步成形，同时增强茶叶色、香、味的浓度，并且通过破坏茶叶组织，加速多酚类的酶氧化，从而为下一步发酵做准备。

◦ 发酵

发酵是揉捻叶在一定温度、湿度和供氧条件下，以多酚类物质为主体的生化成分发生一系列化学反应，形成红色的氧化聚合物——红茶色素。红茶色素一部分能溶于水中，因此会形成红色茶汤；而另一部分则仍然留在茶叶中，形成了红色的叶底。

◦ 干燥

发酵之后，茶坯需要经过高温烘焙，迅速蒸发水分，固定茶形。与此同时，红茶所特有的一些高沸点的芳香类物质也被保留在茶叶中，从而形成了红茶所特有的醇厚、香甜的味道。一般会采用毛火和足火两次烘干，毛火高温，温度在115℃左右；足火低温，温度在90℃左右。

萎凋

揉捻

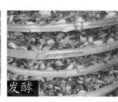
发酵

干燥

红茶的冲泡

在众多茶品中，红茶的饮法最多，可清饮，可调饮。清饮，即在茶汤中不添加任何调料，使红茶发挥自身的香气和滋味。清饮时，一杯好茶在手，静品细啜，慢慢体味，最能使人进入忘我的境界，油然生出一种快乐、激动、舒畅之情，颇有苏东坡"从来佳茗似佳人"的意境。

● 适用茶具

红茶汤色较浓烈，适合紫砂和瓷质的茶具。

● 水温

一般用95℃的水冲泡，可将水烧开后稍等几分钟，待水凉至适合的温度时再冲泡。

● 投茶量

茶与水的比例一般为1：50，也可根据茶叶的老嫩、滋味的浓淡程度以及品饮者的个人喜好适当增减。

红茶的一般泡法

1 备具
准备茶具和茶叶，同时将水烧沸备用。

2 温壶
将开水注入瓷壶中温壶。

3 温公道杯
将温壶的水倒入公道杯温热。

4 温品茗杯
将公道杯内的水依次倒入品茗杯中温杯。

5 投茶
用茶匙将茶荷中的茶轻轻拨入茶壶中。

6 冲水
在茶壶中注满水，冲泡2~3分钟。

7 倒水
将公道杯内的水依次倒入水盂。

8 出汤
将泡好的茶汤倒入公道杯中。

9 奉茶
将公道杯中的茶倒入各品茗杯中，双手持品茗杯敬奉给客人品饮。

祁门红茶

[冲泡] 陶瓷茶具，水温在 100℃ 左右。

[色泽] 乌润、金毫显露。

[香气] 清香持久，以似花、似果、似蜜的"祁门香"而闻名于世。

[滋味] 鲜醇甘厚，即便与牛奶和糖调饮，其香不仅不减，反而更加馥郁。

产地
安徽省祁门县

推荐品牌
徽将军、徽红等

适宜人群
适合馈赠给年龄较大的茶友

祁门红茶简称"祁红"，是红茶中的极品，也是我国红茶中最著名的茶类。祁门红茶是历史名茶，唐代时已负盛名，与印度的阿姆萨红茶、大吉岭红茶、斯里兰卡的乌沃茶并称为"世界四大红茶"，一直享有"群芳最""红茶皇后"的美誉。

祁门红茶香气独树一帜，有蜜糖香味，上品茶更蕴含着兰花香和果香，馥郁持久，人们称其为"祁门香"。欧美各国的嗜茶者视之为无上珍品，每当祁红上市时，人人抢购，据说英国人以能品尝到祁红为口福，皇家贵族也以祁红作为时髦饮品。

名茶逸事

祁门产红茶，事出近代。胡元龙于清朝咸丰年间在贵溪开辟荒山五千余亩，兴植茶树。光绪元年至二年（1875 ~ 1876 年）间，胡元龙建设日顺茶厂，用于自产茶叶，请宁州师傅舒基按宁红经验试制红茶。经过不断努力，最终制出色、香、味、形俱佳的上等红茶。胡元龙因此也被称为"祁红鼻祖"。

● 茶叶鉴赏

上品祁门红茶条索紧细秀长，略带弯曲，色泽乌润，金黄芽毫显露，汤色红艳透明，叶底完整、柔嫩多芽、鲜红明亮，滋味醇和鲜爽。祁门红茶有"祁门"香，因火功的不同，有的呈砂糖香或苹果香，有的具有甜花香，并带有蕴藏的兰花香。

● 名茶品饮

冲泡祁门红茶一般选用紫砂、景瓷茶具，茶叶和水的比例为1∶50，冲泡的水温为95℃～100℃。冲泡2～3分钟即可倒入小杯中，先闻茶香，再品茶味。冲泡后香气浓郁高长，馥郁持久，有蜜糖香，上品茶更蕴藏兰花香，滋味醇厚，回味隽永。清饮能领略祁门红茶的特殊香味，加入牛奶后乳色粉红，别有一番情趣。

形状：条索紧细、苗秀。

汤色：红艳明亮。

叶底：鲜红明亮。

正山小种

产地
福建省武夷山市

推荐品牌
留芳园、白韵等

适宜人群
烟小种适合馈赠给男性
茶友，无烟小种适合馈
赠给女性茶友

[冲泡] 陶瓷茶具，水温在90℃左右。

[色泽] 铁青带褐，较油润。

[香气] 有天然花香，香气细而含蓄。

[滋味] 醇厚，具有烟香和桂圆汤、蜜枣味。

正山小种原称"桐木关正山小种"，又称"拉普山小种"，是世界上最古老的一种红茶，是世界红茶的鼻祖，迄今已有400多年的历史，工夫红茶就是在其基础上发展而来的。正山小种非常适合与添加咖喱和肉的菜肴搭配，因此在欧洲发展成为世界闻名的下午茶。

◆ 茶叶鉴赏

优质正山小种外形粗壮圆直，色泽乌黑油润，一些外山小种虽形似正山小种，但比较轻薄，颜色稍浅，呈褐色。正山小种的汤色红艳浓厚，似桂圆汤，

🍃 名茶逸事

清朝道光末年，兵荒马乱，福建地区亦不能幸免。某日，一支军队从武夷山星村路过，并在当地茶厂驻扎。此举导致已经采摘的新鲜茶叶不能及时烘干，而积压发酵变成黑色，还发出特别的气味。茶厂员工们很着急，军队走后，他们立刻将已经变色的茶叶翻炒、加工，试图降低损失。加工完成后，茶厂老板将这批茶叶委托给福州洋行销售。未曾想，这批茶叶的销量却意外地好。小种红茶也就应运而生。

加入牛奶后形成的奶茶颜色更为绚丽，而非正宗的正山小种汤色则稍淡。真品正山小种品尝起来有桂圆汤、蜜枣味，干茶闻起来有松烟香，随着存放时间的延长，香味更加浓郁，且带有淡淡的果香。

● 名茶品饮

宜用 90℃～100℃ 的水冲泡。一般 3 克正山小种搭配 150 毫升的水，2～3 分钟即可出汤，高档正山小种 30 秒钟左右即可出头汤。

正山小种汤色美丽，在茶汤与碗沿接触的地方会有道金色的光圈，俗称"金圈"，且茶汤滋味醇厚，并含有桂圆般的甜香。一位日本茶人曾说："你一旦喜欢上它，便永远不会放弃它。"如果加入牛奶，茶香不减，形成糖浆状奶茶，甘甜爽口，别具风味。

选购有方

正山小种最主要的两个特征：一是产自桐木关自然保护区；二是由传统的烟熏工艺制作而成，使其带有独特的松脂香味。只有同时具备了这两个要素才能称为正山小种。

好的正山小种红茶成条，没有茶片；品质次之的就不那么成条，偶有茶片。汤色上呈深金黄色，杯中留有"金圈"的为上品，汤色浅、暗、浊次之。滋味上，品质低档的茶入口有呛人、麻口、割喉的感觉。

参考价格

正山小种特级红茶的价格一般在 60～90 元/50 克，一级茶为 30～50 元/50 克。

储存方式

一般保质期在两年左右。选两个材料厚实、密度高、无异味的塑料袋，先将茶装入一个袋中，挤出空气，再用第二个塑料袋反向套上，放于阴凉处。

形状：外形条索肥实。

汤色：橙黄，清澈明亮。

叶底：呈鲜红色，柔嫩肥厚。

金骏眉

[冲泡] 陶瓷茶具，水温在 90℃ 左右。

[色泽] 金、黄、黑相间，色润。

[香气] 复合型花果香、蜜香、高山韵香明显，持久悠远。

[滋味] 鲜活甘爽，喉韵悠长，沁人心脾。

产地

福建省武夷山市

推荐品牌

正山堂、元胜、骏德牌等

适宜人群

适合馈赠给商务伙伴等

　　金骏眉产于福建省武夷山市，创制时间是 2005 年，是武夷山正山小种茶的顶级品种。金骏眉因条索外形似人的眉毛，再取创始人梁骏德名字中间的"骏"字，因而得名"骏眉"。"金骏眉"之所以金贵，是因为它的原料是采摘自海拔 1200～1800 米高的武夷山国家级自然保护区内的原生态茶芽，这种茶芽一个熟练的采茶女一天只能采摘约 2000 棵，但一斤上等的"金骏眉"至少需要 5 万棵茶芽尖才能制成，并结合正山小种传统工艺，由师傅全程手工制作而成，是真正的茶中珍品。

名茶逸事

　　2004 年，在桐木茶叶生产处于低谷时，茶厂想用桐木茶叶芽头制作绿茶，没有成功。2005 年 7 月，江元勋安排梁骏德等五位制茶师，进行新型红茶的试制，取得了良好的效果。2006 年早春，江元勋在原有试验的基础上，指导技术人员进一步试验，成果喜人，于是开始了小规模生产。经过两年多的不断摸索和反复试验，"金骏眉"制作工艺及产品终于在 2007 年趋于稳定，并开始大规模投向市场。

● 茶叶鉴赏

正宗金骏眉条索紧秀、隽茂、重实，乌黑之中透着金黄，具有蜜糖香；开汤汤色为橙红、清澈有金圈、高山韵味持久；叶底呈古铜色。

● 名茶品饮

泡茶器具宜选择瓷质盖碗或紫砂壶，由于芽叶原料较为幼嫩，在冲泡过程中水温尽量保持在90℃左右。第一泡为润茶，即冲即倒。第二泡浸泡时间大约10秒钟即可出汤；之后几泡依次稍微延长时间，一般冲十泡左右后，滋味尚甘甜。茶汤有悠悠甜香，夹杂着花果味，口感清甜顺滑。

形状：茸毛少，条索紧细、隽茂、重实，稍弯曲。

汤色：橙红明亮，有金圈。

叶底：芽尖鲜活，秀挺亮丽，呈古铜色。

滇红工夫

[冲泡] 陶瓷茶具，水温在 90℃左右。

[色泽] 乌润，金毫特显。

[香气] 鲜郁高长。

[滋味] 浓厚鲜爽，富有刺激性。

产地

云南省的临沧、保山等地

推荐品牌

至心堂、圣木、凤牌等

适宜人群

适合馈赠给老茶客

滇红茶也称"云南红茶"，是世界闻名的红茶品种，分为滇红工夫茶和滇红碎茶两种。滇红茶的产销有近 50 年的历史，外销俄罗斯、波兰等东欧国家和西欧、北美等 30 多个国家和地区，内销全国各大城市。

滇红工夫茶是中国工夫红茶的后起之秀。滇红工夫茶内质香郁味浓，以滇西茶区的云县、凤庆、昌宁所产为好，尤其是云县部分地区所产的工夫茶，香气高长，且带有花香。滇红工夫茶分为滇南茶区工夫茶

名茶逸事

冯绍裘是滇红之父。1938 年，冯绍裘前往顺宁（今云南省凤庆县），精心挑选了凤山鲜叶尝试制作红茶，他试制成功的红茶取名为"滇红"，广受好评。后来他将茶传到香港，滇红因绝妙的品质而轰动茶界。从此，能与印度红茶和斯里兰卡红茶相媲美的世界一流红茶就诞生了。

和滇西茶区工夫茶，滇南茶区工夫茶滋味浓厚，刺激性较强，滇西茶区工夫茶滋味醇厚，刺激性稍弱，但回味鲜爽。

◍ 茶叶鉴赏

从外形上看，滇红工夫茶紧结肥壮，锋苗秀丽，色泽乌润，金毫显露，冲泡后内质香气嫩香浓郁，带焦糖味，汤色红浓透明，有金圈。

◍ 名茶品饮

宜用陶瓷茶具冲泡，水温90℃以上，冲泡3分钟左右。

冲泡后的滇红茶汤红艳明亮，有金圈，冷却后出现"冷后浑"现象。滋味浓厚且具有较强刺激性。滇红多以加糖、加奶调和饮用为主，调饮后的香气滋味依然浓烈。

形状：颗粒紧结，身骨重实。

汤色：艳亮。

叶底：红匀嫩亮。

宁红工夫

产地
江西省九江市修水县、
武宁县及宜春市铜鼓县

推荐品牌
元泰、黄公等

适宜人群
适合馈赠给女性茶友

[冲泡] 陶瓷茶具，水温在 90℃ 左右。

[色泽] 乌黑油润，金毫显露，略显红筋。

[香气] 香高持久似祁红。

[滋味] 鲜醇甜和。

宁红工夫是我国最早的工夫茶之一，迄今为止已有 1000 多年的历史。其产地修水古称定州，所产红茶取名"宁红工夫"。远在唐朝时，修水县就已盛产茶叶，生产红茶则始于清道光年间，到 19 世纪中叶，宁红工夫已成为当时著名红茶。

宁红工夫茶可以降低人体血液中有害胆固醇的含量，而增加有益胆固醇的含量，有效防治心脏病和脑血管疾病；宁红工夫茶是经过发酵烘制而成的，其中的茶多酚在氧化酶的作用下发生酶促氧化反应，这些

名茶逸事

在 1914 年上海赛会上，宁红工夫曾获俄、美等八国商人所赠的"茶盖中华，价甲天下"的大匾。当代"茶圣"吴觉农先生盛赞宁红为"礼品中的珍品"，并欣然挥毫题词"宁州红茶，誉满神州"。

茶多酚的氧化物能消炎，保护胃黏膜，养胃暖胃；宁红工夫茶中的多酚类有抑制破坏骨骼细胞物质的活力，从而强壮骨骼、预防龋齿。

◉ 茶叶鉴赏

从外形上看，宁红工夫茶条索紧结圆直，锋苗挺秀，色泽乌黑油润，金毫显露，略显红筋，汤色红艳清澈，滋味醇和爽甜，叶底红嫩多芽。近年也有使用野生茶树制作的宁红，基本没有金毫，色泽乌黑，但是味道更佳。

◉ 名茶品饮

宜用陶瓷茶具冲泡，水温90℃左右，冲泡2～3分钟后即可品饮。冲泡后内质香高似祁红，隐忍持久，汤色红艳清澈，滋味醇和爽甜，叶底红嫩多芽。

选购有方

从外形看，宁红工夫条索细紧圆直，锋苗显露，多毫有红筋，干茶色乌略红，油润有光泽。而伪劣宁红工夫干茶色泽无光，枯哑，没有金毫。

参考价格

一级宁红工夫价格为20元/50克左右，特级的为100元/50克左右。

储存方式

宁红须密封、干燥、低温冷藏，家庭储藏时可以放入冰箱冷藏室内，但应注意不可与有刺激性味道的物品同储。

形状：条索紧结，锋苗挺拔。

汤色：红亮或红艳。

叶底：红嫩多芽或红匀。

政和工夫

[冲泡] 白瓷茶具，水温在90℃左右。

[色泽] 乌黑油润，毫芽显金黄。

[香气] 浓郁芬芳，颇似紫罗兰香。

[滋味] 醇和而甘浓。

政和工夫红茶是历史名茶，是福建三大工夫红茶中最具高山茶品质的条形茶，距今已有150多年的历史。宋徽宗政和五年（1115年），此茶便作为贡茶送入宫廷，可见其珍贵。政和工夫按品种分为大茶、小茶两种，并以大茶为主体。

政和工夫红茶的主要保健作用是帮助胃肠消化、促进食欲，可利尿、消除水肿，并能增强心肌功能。

产地

福建省南平市政和县岭腰乡锦屏村及佛子山景区、洞宫山一带

推荐品牌

茂旺、泰云春、瑞茗等

适宜人群

适合馈赠给老年茶友

名茶逸事

政和工夫红茶起源有近千年历史。传说，南宋以前，茶为何物当地群众并不知道。有一仙人看到此处茶树生长茂盛，茶叶可制成茶中佳品，因而化为乞丐入村讨茶水喝。一村妇拿出一碗白开水，乞丐认为这村妇太过吝啬，连一杯茶水也不给。但当他进一步问才知道，当地人竟连茶为何物都不知道，自家也是喝白开水之后，乞丐就带村民至茶树前，教其辨认茶叶，并教他们采摘和制作。村民泡饮之后，感到芳香扑鼻，入口回甘，饮后神清气爽，于是茶叶的制法从此流传下来。

🔶 茶叶鉴赏

扬其毫多味浓之优点，又适当加以高香之小茶，因此，高级政和工夫红茶体态匀称，条索紧实肥壮，没有碎末，表面乌润有光泽，并且毫芽中显露出金黄色，香气鲜浓，甜香显，颇有紫罗兰芳香之气，这使得政和工夫红茶犹如风姿绰约的少妇，充溢着绽放的热情和美艳的成熟；而琥珀般醇厚的颜色、淡淡的苦涩，又显得那么优雅、高贵。

🔶 名茶品饮

泡茶用水以山泉水最佳。家庭冲泡方法很简单，用茶壶或者品茗杯均可，冲泡之前先温杯，然后倒入约5克的干茶，沸水冷却30秒钟后即可冲泡，冲泡时出汤要快，汤水要沥干，以免茶叶久泡失味。政和工夫红茶既宜于清饮，又适于掺入白糖、牛奶。

形状：条索肥壮，紧实匀直。

汤色：红艳明亮。

叶底：橙红柔软。

坦洋工夫

[冲泡]白瓷茶具，水温在95℃左右。

[色泽]乌黑有光。

[香气]高锐持久，醇厚鲜爽，有桂圆香气。

[滋味]清鲜，甜和爽口。

坦洋工夫红茶为历史名茶，原产于福建省福安境内白云山麓的坦洋村。坦洋工夫红茶是倾心力作之上品红茶，论工艺，十分精微繁细，历经十余道工序，才有了享誉百年的"成色艳香、浓鲜醇清甘"坦洋工夫红茶。

作为红茶大家族的一员，坦洋工夫茶具有红茶所具有的功效，如提神、消除疲劳、减肥美容、解毒、利尿、强壮骨骼等，此外，有研究表明，坦洋工夫茶可以明显舒张血管，心脏病患者每天喝4杯坦洋工夫红茶，血管舒张度可以从6%增加到10%。常人在受刺激后，舒张度会增加13%。

名茶逸事

相传在清同治年间由坦洋村胡福四（又名胡进四）试制成功，经广州运销西欧，很受欢迎，因此，坦洋工夫名声也就不胫而走。历史上坦洋工夫曾以产地分布最广，产量、出口量最多而名列"闽红"之首，并在1915年因与贵州"茅台酒"同获巴拿马万国博览会金奖而享誉中外。后世事变迁，坦洋工夫尚存无几，近些年，经多方努力，坦洋工夫又有所恢复和发展。

产地

福建省福安、拓荣、寿宁、周宁、霞浦及屏南北部等地

推荐品牌

千氏茗、新坦洋等

适宜人群

适合馈赠给女性茶友

● 茶叶鉴赏

优质坦洋工夫红茶的外形细长匀整，带金毫，色泽乌黑有光，内质香味清鲜甜和，汤色鲜艳，金圈明显，叶底红匀光滑，是茶中佳品。

● 名茶品饮

如果是高档坦洋工夫红茶可用白瓷茶具冲泡，水温要在85℃~90℃，茶、水比例为1∶60~1∶40，冲泡时间大约3分钟，一般可反复冲泡8次。冲泡后，茶汤红艳明亮，香气优雅迷人，滋味甘爽，略带薯香。

选购有方

好的坦洋工夫红茶一般颜色纯而泽，香味纯正，沁人心脾，汤色澄清而香气足。反之，颜色杂而暗、汤色暗而深为劣质茶。

参考价格

坦洋工夫特级茶的价格一般在180元/50克左右，一级茶一般在150元/50克左右。

储存方式

放入铁罐、瓷罐或锡罐中，密封、避光、低温保存。

形状：细长匀整，带白毫。

汤色：鲜艳呈金黄色。

叶底：红匀光滑。

川红工夫

[冲泡] 紫砂壶，水温在 90℃ 左右。

[色泽] 乌黑油润。

[香气] 清鲜带橘糖香。

[滋味] 醇厚鲜爽，并带有橘糖味。

产地
四川省宜宾市宜宾县、筠连县、高县等地

推荐品牌
川红、醒世、林湖等

适宜人群
适合馈赠给女性茶友

川红工夫红茶是 20 世纪 50 年代创制的工夫红茶，川红工夫问世以来，在国际市场上享有较高的声誉，是中国工夫红茶的后起之秀。川红工夫红茶以外形紧细圆直、毫锋披露、色泽乌润、内质香高味浓而闻名。川红工夫中的珍品"早白尖"更是获得国内外茶界的一致好评。目前，川红工夫品牌已走向国际化道路。

川红工夫红茶一直沿袭古代贡茶制法，其关键工艺在于采用自然萎凋、手工精揉、木炭烘焙，所制茶叶紧细秀丽，具有浓郁的花果或橘糖香。

名茶逸事

川红工夫传统制作技艺由宜宾县人雷玉祥始创于清朝宣统年间，距今有 100 多年的历史。民国初年，第二代传人王文钞在宜宾市南岸投资创立了"宝兴茶厂"，其所生产的"红散茶"畅销全国各地。新中国成立后，政府在"宝兴茶厂"的基础上成立了以生产红茶为主的"四川省宜宾茶厂"，在雷成伦为第三代、杨宝琛为第四代传人的带领下，川红工夫名扬世界。

◗ 茶叶鉴赏

从外形上看，川红工夫茶条索肥壮圆紧，金毫披身，色泽乌黑油润。冲泡后内质香气清鲜，带有橘糖香，汤色浓亮。

◗ 名茶品饮

宜用玻璃茶具或白瓷盖碗冲泡，水温90℃左右，冲泡2~3分钟后即可品饮。冲泡时要高冲水，即提高水壶注水，使茶叶在杯内翻滚、散开，以更充分地泡出茶味。冲泡后香气浓郁，内质浓厚，堪比滇红。汤色虽不能称红艳，但橙里带红，清澈明亮。叶底厚软红匀，粒粒如笋，饱满紧实。

形状：条索肥壮圆紧，显金毫。

汤色：红艳明亮。

叶底：厚软红匀。

九曲红梅

[冲泡] 白瓷盖碗,水温在 100℃ 左右。
[色泽] 身披银毫,干茶颜色乌润。
[香气] 馥郁芬芳。
[滋味] 浓郁鲜醇,齿颊留香。

产地
浙江省杭州市

推荐品牌
研茶园、艺福堂等

适宜人群
适合馈赠给同事,亦可作为自己的生活用茶

九曲红梅又称"九曲红""九曲乌龙""龙井红",是西湖区历史名茶之一。原产于武夷山的九曲,后来闽北浙南一带农民北迁,在杭州大坞山一带落户,开荒种粮种茶,为谋生计,制作九曲红,并带动了当地农户的生产。目前九曲红梅主要产于西湖区周浦乡的湖埠、上堡、大岭、张余、冯家、灵山、社井、仁桥、上阳、下阳一带,尤以湖埠大坞山所产品质最佳。

九曲红梅的制作过程分为萎凋、揉捻、发酵、干燥四道工序,其中发酵是"九曲红梅"红茶质量的决定因素。解块后的揉捻茶在阳光下的箕垫上摊晒半小时左右,待茶体发热,再度失水 1/3 时,装入布袋热焖 2 小时左右,等到青草气全消失,具有新鲜的果香味,此时叶色变红且比较油润,有光泽。

名茶逸事

九曲红梅生产已有近 200 年的历史了,100 多年前就已成名,早在 1915 年,就获得过巴拿马万国博览会金奖,但名气逊于西湖龙井。现如今,九曲红梅和西湖龙井,是杭州西湖茶区的"双璧",同被评为"杭州十大名茶"。

◆ 茶叶鉴赏

干茶卷曲拧折，如蚯蚓走泥之痕，乌褐无毫，偶有金色。茶汤黄红明艳，香气沉郁，顺滑甜甘。综合来看，九曲红梅有坦洋之风，而多深沉之味。

◆ 名茶品饮

九曲红梅宜用紫砂或白瓷茶具冲泡，水温大约为95℃，冲泡时间大约为3分钟。冲泡后汤色红艳明亮，边缘偶有金圈，滋味醇厚，叶底呈红色。

形状：条索紧细，弯曲如银钩。

汤色：鲜浓润亮。

叶底：红艳成朵。

黑茶　独具陈香显名贵

黑茶以它的黑褐色而出名。黑茶历史悠久，也是中国特有的茶类。黑茶越陈旧越好，普洱黑茶、安化千两茶是其中的名品。

黑茶概述

黑茶因呈黑褐色而得名，是深度发酵茶，存放的时间越久，其味道越醇厚。黑茶采用的原料较粗老，是压制紧压茶的主要原料。黑茶紧压茶主要销往西藏、内蒙古等边疆地区，因此也被称为"边销茶"，是少数民族地区不可或缺的饮品。

主要产区： 四川、云南、湖北、湖南。

品质特征： 有深红、亮红或暗红的汤色，明亮浓郁，陈香陈韵，熟香醇厚。

黑茶的种类

黑茶根据产区和加工工艺的不同分为以下几种：

分类	品种
湖南黑茶	安化黑茶、茯砖茶等
湖北老青茶	蒲圻老青茶、崇阳老青茶等
四川黑茶	雅安藏茶、南路边茶和西路边茶等
云南黑茶	云南黑茶统称普洱茶
广西黑茶	主要有广西六堡茶

黑茶的制作工艺

黑茶属于后发酵茶，其制作工艺主要为杀青、揉捻、渥堆、干燥。

▮ 杀青

黑茶鲜叶粗老，含水量低，须高温快炒，翻动快匀，至青气消除、香气飘出，叶色呈均匀的暗绿色。

▮ 揉捻

黑茶原料粗老，最好趁热揉捻，要本着轻压、短时、慢揉的原则给黑茶做造型。一般至黑茶嫩叶成条，粗老叶呈皱叠。

▮ 渥堆

将揉捻过的茶堆成大堆，人工方式使其保持一定的温度和湿度，用湿布或麻袋盖好，使其经过一段时间的发酵，适时翻动1~2次。在渥堆过程中，叶色会由暗绿色变为黄褐色。

▮ 干燥

用烘焙法或晒干法来干燥。通过最后干燥形成黑茶特有的油黑色和松烟香味，以固定茶形和茶品，防止变质。

何为紧压茶

紧压茶主要是以黑茶和红茶为原料，经过一系列典型工艺压缩、干燥而成的方砖状或块状茶。紧压茶的多数品种比较粗老，干茶色泽黑褐，喝时须用水煮，但它具有便于长途运输、防潮性能好、保存方便、茶味醇厚等优点。这种茶在蒙古族、藏族等少数民族地区非常流行，因为那里的牧民多食肉，需要用茶来帮助消化和分解脂肪，紧压茶在煮制过程中会释放大量的鞣酸，极利消化。

黑茶的冲泡

紫砂壶的小壶冲泡法适用于2~5人的场合，其泡法跟盖碗冲泡法十分相似。紫砂壶冲泡法的泡茶程序为：置器、温壶、赏茶、温杯、置茶、洗茶、冲泡、倒茶、奉茶、品饮。

◢ 黑茶的一般泡法

1 置器

准备好泡茶用具，如茶桌、椅子、电炉、煮水器、泡茶用具、辅助用具、储茶器等。

2 温壶

温壶是泡茶前的重要准备工作之一，目的是洗涤茶具，提高壶温。温壶水入壶后要等赏茶步骤完毕后，再倒出。

3 赏茶

用茶匙将备好的黑茶舀入茶荷，然后将茶荷展示给客人看，并简单介绍茶叶的产地、品种、特征等信息。

4 温杯

根据品茶人数准备好茶杯，并用沸水洗涤，再用茶巾擦干杯底。

5 **置茶**
把茶荷内准备好的茶叶放进茶壶内。

6 **洗茶**
轻轻摇动茶壶，使茶叶在壶内分布均匀，时间为 8~10 秒。

7 **冲泡**
高提水壶，让开水冲入紫砂壶中，再利用手腕的力量，上下提拉注水，反复三次，这道工序称为"凤凰三点头"。它是茶道中的传统礼仪，既表示对客人的敬意，也表示对茶的敬意。

8 **倒茶**
黑茶浸泡约 15 秒后，将茶汤倒入公道杯中，再从公道杯分入品茗杯。

9 **奉茶**
分完茶后，将品茗杯送到客人面前，茶杯不宜端得过高，与客人肩部同高即可，同时，敬请客人品茗。

10 **品饮**
边看汤色，边闻茶香，轻饮一口，细细品味，使茶汤遍布口腔，尽情享受黑茶的茶韵。

普洱散茶

[冲泡] 盖碗，水温在100℃左右。

[色泽] 全披金毫，色有橙黄。

[香气] 毫香细长，略带陈香。

[滋味] 浓醇、滑口、润喉、回甘，舌根生津。

产地
云南省普洱市一带

推荐品牌
吉顺号等

适宜人群
老少皆宜

普洱散茶，就是指采摘下来的茶鲜叶，经过杀青、揉捻、晒干，制成晒青毛茶后，不经压制、造型。普洱散茶也包括传统工艺的生茶和现代工艺的熟茶。散生茶即为晒青毛茶，因为没有经过蒸软、压制的过程，所以非常蓬松，叶底比较完整；散熟茶是指晒青毛茶经过渥堆后，不再紧压，直接干燥。普洱散茶有各种级别，分为特级、一级至十级共11个等级，级别越高，芽头越多，原料越细嫩。特级之上还有金芽、宫廷金芽。

名茶逸事

传说乾隆年间普洱地区的濮家茶庄将没有完全晒干的毛茶压饼，装驮进贡。茶庄主人到了京城才发现，原本绿色的茶饼变成了褐色，他惊恐万分，但在无意间发现变了色的茶的味道又香又甜，汤色也红浓明亮。当上贡给皇上时，深得乾隆皇帝的喜爱，并赐名普洱茶。

● 茶叶鉴赏

品质好的普洱茶条索肥嫩、匀净紧结，梗少、无杂质，嫩度高，色泽褐红，闻其味有淡淡的桂圆、玫瑰、樟、枣、藕等香味，并伴有特殊的陈香。

普洱茶汤色要求红浓明亮。如汤色红浓剔透则是上品；深红色为正常；普洱熟散茶的汤色则是暗栗色，甚至接近黑色。

● 名茶品饮

普洱熟茶多用紫砂壶或大盖碗冲泡，用透明品茗杯品尝。散茶容易出味，1分钟后即可品饮。茶汤入口略感苦涩，但略作停留之后，便可感到满口芳香，浓而不寡淡，香气集中，高雅持久，令人神清气爽，而且津液四溢，持久不散不渴，此乃品茗最佳感受之"回韵"。

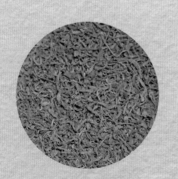

形状：金芽整叶，有锋苗。

汤色：橙红明亮。

叶底：红亮柔软。

普洱生茶

产地
云南省普洱市一带

推荐品牌
勐海大益、下关茶厂等

适宜人群
适合馈赠给青壮年茶友

[冲泡] 盖碗，水温在 100℃左右。

[色泽] 光滑油润。

[香气] 新茶带有幽幽的花香、豆香；陈茶不同时期自然发酵出荷香、樟香、兰香等不同香气。

[滋味] 新茶苦涩，回甘强劲，带有幽幽的花香、豆香；陈茶醇滑、厚重。

普洱生茶分为散茶和紧压茶，散生茶就是晒青毛茶，即茶鲜叶采摘后经杀青、揉捻、晒干后即可；紧压茶就是晒青毛茶经过压制，制作成各种形状的紧压茶。紧压茶外形有圆饼形、碗臼形、方形、柱形等多种形状和规格。一般紧压茶是不分等级的，但有高、中、低三个档次。生茶在制成之后，一般要经过长时间的自然发酵，使茶的味道更加柔和。这个过程一般为 5 年以上，时间越久，口味越好。

名茶逸事

禅宗师祖达摩参禅，面壁九年，其间瞌睡难忍，眼皮耷拉，他随手扯下眼皮往地上一丢，于是，地上长出了一株小绿苗，这就是后来人们饮用的普洱茶树。鉴此种种，普洱茶被蒙上了浓重的宗教色彩。自佛教逐渐中国化后，禅宗的发展和茶道的兴盛，使普洱茶和禅的相提并论成为物质与精神相融合的象征。

● 茶叶鉴赏

生普洱色泽墨绿，并随着年代的久远而呈褐色，条索紧结，条索里有白毫。新茶带有幽幽的花香、豆香；陈茶不同时期自然发酵出荷香、樟香、兰香等不同香气。

● 名茶品饮

以纯净水冲泡为佳，可用紫砂壶或盖碗冲泡，办公室饮用也可以用飘逸杯。普洱生茶茶汤随着时间的增加会从栗红色转为深栗色，香气清纯持久，滋味浓厚回甘。新茶像脱缰的野马，野性难驯，苦涩，茶味十足，回甘强劲，还带有幽幽的花香、豆香。陈放时间越长，口感就慢慢醇滑、厚重，野性驯服了，以至于"无味之味"的最高境界。

一年内新制生茶饼，适合立即品饮的，通常如一般绿茶般清香而不刺激，汤水较清而薄；适合长存久放的茶品，口感较为浓烈，茶汤有胶质感、饱满感，回甘足而韵长。

通常保存不佳的普洱茶会产生霉味，有些商人为掩盖其气味，会加入菊花等花香。因此若看到普洱茶中掺有菊花，或闻起来有花香，表示茶叶品质不纯正。

参考价格

越陈越香，新制普洱生茶的价格在10元/50克左右。

储存方式

可用传统的竹箬包装，有助于普洱生茶的后发酵。如果普洱茶的包装已经被拆开，则可用干净、无异味的塑料袋密封起来。

形状：条索完整、紧结、清晰、肥壮、油润。

汤色：新茶为栗红色，陈茶为深栗色。

叶底：柔软、新鲜、有伸张性、有生命力。

普洱熟茶

产地
云南省普洱市一带

推荐品牌
勐海茶厂、下关茶厂等

适宜人群
老少皆宜

[冲泡] 玻璃杯或盖碗，水温在 90℃ 左右。

[色泽] 茶青黑或为红褐色，有些芽茶则为暗金黄色。

[香气] 由菁樟香转变为清清的樟香，再变为参香带枣香味。

[滋味] 陈香醇厚，顺滑、回甘。

　　普洱熟茶是采用人工渥堆、发酵技术加工制成的普洱茶。普洱生茶的自然发酵需要一个漫长的过程，而普洱熟茶一般存放 2~3 年即可获得很好的品质风味，与生茶相比更适合日常饮用。

　　普洱熟茶具有一股特殊的陈香味，并且具有经医学证实的几十种保健功效，尤其以出色的减肥功效而深受人们的喜爱。

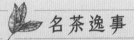

名茶逸事

　　历史上正式出现熟茶是从 1973 年开始，而在 1975 年，人工渥堆技术在昆明茶厂正式试制成功，从此揭开了普洱茶生产的新篇章。人工发酵技术主要是为了解决普洱茶自然发酵时间过长的问题，从而人工模仿自然发酵的过程，以达到快速陈化普洱茶的目的。

　　由于新制生茶生涩刺喉，而熟茶口感相对温和醇厚，所以对于普通消费者，无论从口感还是价格上，建议先从熟茶喝起，而且熟茶减肥功效更加明显。

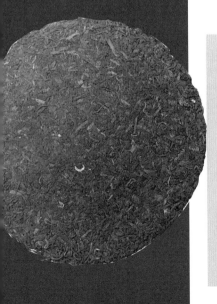

● 茶叶鉴赏

外形条索紧结、清晰；干茶色泽呈褐红或深栗色，俗称"猪肝红"。香气会由菁樟香转变为清清的樟香，再变为参香带枣香味，时间越久、仓储条件越好，枣香味、参香味会越重越持久。发酵度较轻者叶底为红棕色，但不柔韧；重发酵者叶底以深褐色或黑色居多，较硬而易碎。

● 名茶品饮

茶、水比例为 1：50，或置茶量为容器容量的 2/5 左右，也可根据人数多少进行调整，水温要达到 90℃。汤色红浓透明；滋味甘滑柔顺、绵甜爽口，有明显回甘，具有独特的陈香，几乎不苦涩，泡水长。

形状：条索紧结，完整。

汤色：红浓明亮。

叶底：轻发酵者为红棕色，不柔韧；重发酵者为深褐色或黑色，较硬而易碎。

沱茶

[冲泡] 盖碗，水温为95℃左右。

[色泽] 条色青翠油润。

[香气] 馥郁清香，并有独特的陈香。

[滋味] 浓酽、香醇、耐冲泡，越久越醇，茶汤不苦涩，入口轻甜而浓郁。

产地

云南省景谷县

推荐品牌

下关沱茶、重庆沱茶、
山城沱茶等

适宜人群

适合馈赠给中老年茶友

　　沱茶是一种被制成圆锥窝头状的紧压茶，主要产地是云南省景谷县，又称"谷茶"。沱茶从面上看似圆面包，从底下看似厚壁碗，中间下凹，颇具特色。

　　根据原料的不同，沱茶分为绿茶沱茶和黑茶沱茶。其中，黑茶沱茶以普洱散茶为原料，制成之后称为"普洱沱茶"，又可分为生沱茶和熟沱茶。

　　以前一般用黑茶制造，为了便于马帮运输，便将几个用油纸包好的茶坨连起，外包稻草做成的长条草把。因为一个茶坨的分量比一块茶砖要小得多，所以更容易购买和零售，因此备受消费者喜爱。

名茶逸事

　　沱茶是云南茶叶中的传统制品，历史悠久，古时便享有盛名，早在明代万历年间的《滇略》一书中就有记载："士庶用皆普茶也，蒸而团之。"

　　关于茶名的由来，有两种说法：一说是该茶过去都销往四川沱江一带，故而得名；另一说为该茶古称"团茶"，后讹为"沱茶"。

● **茶叶鉴赏**

目前市面上很多普洱沱茶都是用碎茶压紧后制成的，品质好的普洱沱茶冲泡后的茶汤颜色为绛红色，颜色很深，但依然透明清澄。

● **名茶品饮**

在饮用普洱沱茶前，需要先将其掰碎。每次取3克，用开水冲泡5分钟以后饮用。冲泡后香气馥郁，滋味浓酽、香醇、回甘、耐冲泡，越久越醇，浓得有如巧克力的茶汤上会浮一层泛金色的晕，吹之不散，茶汤不苦涩，入口轻甜而浓郁。

选购有方

以新制、没有入仓的沱茶而言，从外观辨识，色泽墨绿，芽毫显露、茶菁肥壮，没有枝梗碎末、紧压适中为佳。由汤色观察，金黄色优质，避免出现碧绿色或是暗红色。叶底以完整为佳，须柔韧有弹性，避免有糜烂之叶底。对于入过仓的沱茶，外观色泽较好，并保持干净油亮，叶底仍保持柔韧，汤色虽深红但为清亮。若茶青十分干净，却出现异常红变，且外观与内部茶青颜色差异甚大，便要避免购买。

参考价格

越陈越香，新制沱茶的价格一般在10元/50克以内，而存放时间越长，价格越贵。

储存方式

普洱茶一般无保质期，而是越陈味道越好。沱茶如果未开封，直接存放即可，如果已经剥开了则要放入茶瓮保存。

形状：外形端正、呈碗形，内窝深而圆；外表满布白色茸毫。

汤色：橙黄明亮。

叶底：肥壮鲜嫩。

安化千两茶

产地
湖南省安化县

推荐品牌
白沙溪、怡清源等

适宜人群
适合馈赠给中老年茶友

[冲泡] 紫砂壶，水温在 100℃左右。

[色泽] 茶胎色泽如铁而隐隐泛红。

[香气] 其香有樟香、兰香、枣香之别，前者为上，
后者为下，梯次以降。

[滋味] 圆润柔和令人回味，同一壶茶泡上数十道汤
色无改，饮之通体舒泰。

"世界的千两茶呀，只有中国有啊！中国的千两
茶呀，只有湖南有啊！湖南的千两茶呀，只有安化有
啊！"这是安化的一个茶厂踩茶人在制茶的时候喊的
号子，声音浑厚奔放，非常动听。

千两茶已有逾千年历史，被世人冠以"世界茶
王"之美名，是中华茶文化的瑰宝。

名茶逸事

安化千两茶曾经是安化江边刘姓人家不外传的神
秘产品，以每卷茶叶净含量合老秤一千两而得名，因
其外表的篾篓包装呈花格状，故又名花卷茶。新中国
成立后于 1952 年引入湖南省白沙溪茶厂独家生产，
该千两茶都是手工制作，1958 年后湖南省白沙溪茶
厂以机械生产花砖茶取代了花卷茶，千两茶因此绝
产。直到 21 世纪初才重新出现，并风靡我国广东及
东南亚市场，被誉为"茶文化的经典，茶叶历史的
浓缩"。

● 茶叶鉴赏

从外形上看，千两茶呈圆柱状，其色如铁；陈年千两茶会隐隐泛红。千两茶茶胎紧实，取茶泡饮时一般需要用小锯子才能取下一小块。

● 名茶品饮

安化千两茶可清饮、可调饮，饮用之前须先将圆柱状茶身锯成片状茶饼最好，现在也能买到直接锯成饼状的茶饼，再用茶刀取下茶叶备用。

冲泡千两茶宜用紫砂壶、盖碗，泡茶用水一般以泉水、井水、矿泉水、纯净水为佳，水温要高，一般用 100℃的沸水冲泡，冲泡 2~3 分钟即可饮用。

千两茶可以冲泡达 10 次之多，第一泡至第四泡，茶汤的松烟味较浓，滋味略涩，汤色橙黄明亮；第五泡至第十泡，汤色转为金黄明亮，滋味也转为甜醇滑爽，且松烟香消退，代之以清香。

选购有方

较高档的千两茶如果锯成饼，锯面应平整光滑，无毛糙，无裂纹和细缝，结实如铁石，而差的饼则有裂纹，易松动散落。

参考价格

千两茶因规格不一，价格差别很大，有十两茶、百两茶、千两茶、两千两茶等独特规格，价格为 40~10 000 元/筒。

储存方式

千两茶一般生产出来并不立即饮用，而要存放六七年茶味才更浓，放在阴凉、通风处即可。

形状：外表的篾篓包装呈花格状

汤色：透亮如琥珀

叶底：呈青褐色

雅安藏茶

产地
四川省雅安市名山、雨城、荥经、天全等地

推荐品牌
兄弟友谊、雅安茶厂、吉祥、金叶巴扎、义兴等

适宜人群
适合馈赠给中老年茶友

[冲泡] 盖碗，水温在100℃左右。
[色泽] 棕褐有如猪肝色。
[香气] 纯正，有老茶的香气。
[滋味] 清饮滋味平和。

　　雅安藏茶因产于四川雅安，并长期销往藏区而得名。《明史·茶法》中记载，太祖朱元璋诏："天全六番司民，免其徭役，专令蒸乌茶易马。"乌茶即藏茶，天全即今雅安市天全县。《西藏政教鉴附录》记载"茶叶自文成公主入藏地也"，其后，雅安藏茶源源不断地输入西藏，至今已有1000多年的历史，被誉为"西北少数民族生命之茶"，有"宁可三日无粮，不可一日无茶"之说，可见古人对藏茶的保健功能有深刻的认识。

名茶逸事

　　自宋代以来历朝官府推行"茶马法"，四川边茶就成为主要交换物资；明代就在四川雅安、天全等地设立管理茶马交换的"茶马司"；清朝乾隆时期，规定雅安、天全、荥经等地所产的边茶专销康藏，称"南路边茶"，主要花色有康砖和金尖；而灌县、崇庆、大邑等地所产边茶专销川西北松潘、理县等地，称"西路边茶"，主要花色有方包茶。南路边茶质量优良，经熬耐泡，最适合以清茶、奶茶、酥油茶等方式饮用，深受藏族人民的喜爱。西边茶原料比南边茶更为粗老。

雅安藏茶采用高山茶区当年生成熟叶梢为原料，经杀青、揉捻、渥堆、蒸压（揉）、成形、陈放等工序加工而成，具有"褐叶红汤""陈醇回甘"的品质特征。多次渥堆发酵的特殊工艺，使藏茶具有低儿茶素、低咖啡因、高茶多糖、高茶色素的内含成分特点。

▮ 茶叶鉴赏

干茶色泽黑褐油润，散茶外形均匀、紧压茶紧度好，含适量茶梗；汤色红黄明亮，滋味醇和滑润，叶底棕褐油润。

▮ 名茶品饮

可选用容积较小的紫砂壶或飘逸杯茶具，用 100℃ 的水温冲泡。用铁壶茶具文火熬煮 30 分钟左右，滋味更加醇厚可口。

选购有方

选购雅安藏茶一看外形，二看茶汤。干茶质感油润，色泽棕褐，茶香浓郁，开汤后醇和滑润的为上品。

参考价格

传统边茶价格不高，目前仍然是藏区民众的生活必需品。随着内地需求扩大，特别是对老茶、陈茶的追捧，近年价格不断攀升。

新型藏茶原料考究，制作精细，价格一般在 20～50 元/50 克。

储存方式

远离异味，在阴凉、通风、干燥处密封保存，3 年以后香气更好，滋味更加醇厚。

形状：条索紧结。

汤色：红浓明亮。

叶底：黑褐色，细嫩柔软，明亮。

湖北老青茶

产地
湖北省蒲圻、咸宁、通山、崇阳、通城等县市

推荐品牌
羊楼洞、川牌、归真、黄鹤楼、长盛川、昌生牌等

适宜人群
老少皆宜

[冲泡] 盖碗，水温在 100℃ 左右。

[色泽] 色泽乌绿。

[香气] 清香高长，有似水蜜桃香。

[滋味] 清爽润滑，细腻优雅。

湖北老青茶虽名为青茶，实际上是黑茶的一种。老青茶别称青砖茶，又称川字茶，已经有 100 多年的制作历史。湖北老青茶除生津解渴外，其具有的化腻健胃、降脂瘦身、御寒提神、杀菌止泻等独特功效为其他茶类所不及。

老青茶的面茶制作较精细，里茶制作较粗放。面茶的工序依次为：杀青、初揉、初晒、复炒、复揉、渥堆、晒干。里茶的工序依次为：杀青、揉捻、渥堆、晒干。值得一提的是，如遇到连阴雨，不能及时初晒，应将揉捻叶抖散堆积，压紧压实。如茶堆内发

名茶逸事

据《湖北通志》记载："同治十年，重订崇、嘉、蒲、宁、城、山六县各局卡抽派茶厘章程中，列有黑茶及老茶二项。"这里讲的老茶即指老青茶。可见老青茶已有 100 多年的生产历史。1890 年前后，在蒲圻羊楼洞开始生产炒制的篓装茶，即将茶叶炒干后，打成碎片，装在篓篓里（每篓 2.5 千克），运往北方，称为炒篓茶。以后发展为以老青茶为原料经蒸压制成的青砖茶。

热，就及时翻动，散发热气后再堆紧。如此反复进行，直到天晴出晒。切不可将揉捻叶薄摊。因为这样做，会致使黑真菌的生长繁殖，导致茶叶品质差。

茶叶鉴赏

湖北老青茶外形紧结壮实，色泽墨绿油润，汤色橙黄明亮，香气清香且持久，类似于水蜜桃香，滋味醇和鲜爽，叶底肥软呈橙黄色。

名茶品饮

宜用盖碗冲泡，水温控制在100℃左右。冲泡后浓酽馨香，味道纯正，回甘隽永。

形状：条索紧结。

汤色：红浓明亮。

叶底：黑褐色，细嫩柔软，明亮。

广西六堡茶

产地
广西壮族自治区梧州市
苍梧县六堡乡

推荐品牌
茂圣牌、中茶牌、苍顺
牌、苍松等

适宜人群
老少皆宜

[冲泡] 高身紫砂壶，水温在 100℃左右。

[色泽] 黑褐色，油润。

[香气] 醇陈、有槟榔香味为佳。

[滋味] 醇厚甘爽，略感甜滑。

六堡茶是广西特有的历史名茶，因产于广西苍梧县六堡乡，故又名"苍梧六堡茶"。六堡茶最早可追溯到1500多年前。清嘉庆年间以其特殊的槟榔香味而列为全国24种名茶之一。六堡茶以红、浓、陈、醇四绝著称，且存放越久质量越佳，又可以直接饮用，是广西当地人民日常生活的保健饮品。

◗ 茶叶鉴赏

六堡茶干茶条索紧结均匀，也有块状的，色泽黑褐光润而略带棕褐，陈年六堡茶有金花。汤色红浓，有特殊的槟榔或松烟般的陈香味，口感顺滑。叶底暗褐，有弹性。

名茶逸事

相传，龙母娘娘下凡到苍梧六堡镇黑石村，发现村里人生活困苦。黑石山下的泉水清甜滋润，龙母娘娘认为好泉能灌溉出好植物。于是，龙母娘娘播了茶树种子，栽培成一棵叶绿芽美的茶树。后来，人们把这棵茶树的叶芽拿去卖，来换取足够的粮食和盐。这种茶后被人们称为"六堡茶"。

名茶品饮

可选用紫砂壶、盖碗，茶量以盖过盖碗底部为宜，然后进行洗茶，选择100℃的沸水最佳；洗茶完毕后即可冲泡，注水量达到八九分满；冲泡时间不宜过长，否则会增加苦味。

冲泡后，有独特的槟榔香或松烟香，滋味醇厚甘爽，略感甜滑。饮后顿觉身心舒适，如释重负，特别适合在炎热闷湿的天气品饮。

选购有方

不同的六堡茶有不同的苦涩味，但是入口之后却会由苦转为甘甜。正宗六堡茶闻之有新茶干香，无杂味和霉点。而伪六堡茶一般未经过"杀青"处理，干茶色泽灰土，毫无柔润感，叶边卷曲，茶叶反面还带有青色或青黄色。陈年六堡茶在外观上有一层很自然的灰"霜"，而且茶饼会变松散。假的六堡茶也会有白"霜"，但其"霜"较死，没有活性。1~2年的新茶汤色较浑，但越老的汤色越红越透亮。而假冒六堡茶冲泡后汤色晦暗或浑浊，青中带黄，呈"酱油汤"状。

参考价格

广西六堡茶特级茶的价格一般在30~50元/50克，一级茶一般在10~15元/50克。

储存方式

一般情况下，六堡散茶可用纸包好或放入陶罐中，篓装茶、饼茶等可放入无味的纸箱中，并封好，做到透气即可。如果是新茶，含水很高，就须在无雨的秋冬季适当晾开透气。

形状：条索紧结。

汤色：红浓明亮。

叶底：黑褐色，细嫩柔软，明亮。

乌龙茶　绿叶红边齿留香

乌龙茶亦称青茶，属半发酵茶，是中国几大茶类中独具鲜明特色的茶叶品类，既有红茶的浓鲜味，又有绿茶的清香味。

乌龙茶概述

乌龙茶泡开后，茶叶中间为绿色，边缘为红色，被称为"绿叶红镶边"。同时，它还是介于不发酵茶和全发酵茶之间的一种茶。饮后齿颊留香，回味甘甜。在六大茶系中，乌龙茶的制作工艺最复杂费时，泡法也最讲究，所以，喝乌龙茶也称喝工夫茶。

主要产区：福建的闽北、闽南及广东、台湾等地区。

品质特征：有"绿叶红镶边"的特点，茶色明亮乌润，兼具绿茶的清香甘鲜和红茶的浓郁芬芳。

乌龙茶的种类

乌龙茶根据产地分为以下四种：

分类	产地	品种
闽南乌龙	主要产于福建省南部的安溪县、永春县等地	铁观音、黄金桂、大叶乌龙、奇兰、本山等
闽北乌龙	主要产于福建省北部的武夷山一带	大红袍、武夷肉桂等，尤以大红袍最为著名
广东乌龙	主要产于广东省东部凤凰山区一带	凤凰单丛、凤凰水仙、岭头单丛等
台湾乌龙	主要产于阿里山等地	冻顶乌龙、文山包种、阿里山乌龙等

乌龙茶的制作工艺

乌龙茶的制作工艺大致为萎凋、摇青、炒青、揉捻和烘焙。

● 萎凋

分日光萎凋和室内萎凋两种。日光萎凋又称"晒青"，将刚采摘的鲜叶散发部分水分，使叶内物质适度软化，达到合适的发酵程度。室内萎凋又称"凉凋"，是让鲜叶在室内自然萎凋。

● 摇青

这是乌龙茶做青的关键。将萎凋后的茶叶经过 4 ~ 5 次不等的摇青过程，使其鲜叶发生一系列的生物化学变化，形成独特的"绿叶红镶边"的特点及乌龙茶独特的芳香。

● 炒青

以炒青机破坏茶中的茶酵素，防止叶子继续变红，让茶叶中的青气味消退，让茶香浮现出来。

● 揉捻

这是造型步骤，是将乌龙茶茶叶制成球形或条索形的外形结构。

● 烘焙

烘焙即干燥，去除茶叶中多余的水分和苦涩味，焙至茶梗手折即断，气味清纯，使茶香高醇。

乌龙茶与绿茶的区别

乌龙茶和绿茶最大的差别在于有无发酵。绿茶未进行发酵，保留了很多维生素。乌龙茶经过半发酵的过程，在减少茶的涩味的同时，还产生了有抗氧化功效的儿茶素和多酚类物质，因此，它具有很多绿茶所没有的保健功效。

乌龙茶的冲泡

在六大茶类中，尤以乌龙茶的冲泡用具最讲究。从某种程度上说，乌龙茶的冲泡品饮和工夫茶的概念基本是等同的。

◗ 适用茶具

紫砂壶、盖碗等。

◗ 水温

乌龙茶中的某些芳香物质一定要在高温下才能完全挥发出来，因此冲泡乌龙茶需要用95℃以上的沸水。

◗ 投茶量

壶泡时，一般铁观音、冻顶乌龙投放量为壶容积的1/5～1/4。

◗ 润茶

冲泡乌龙茶需要润茶，润茶时水量没过茶叶即可，速度要快。

◗ 乌龙茶的一般泡法

1 备具
准备茶具。

2 取茶
取出适量茶叶放到茶荷里备用。

3 温具
向壶中注入沸水，然后将水分别倒入闻香杯、品茗杯中。

4 投茶
用茶匙将茶拨入紫砂壶中。

5 润茶
向壶中注入半壶开水，然后迅速倒入闻香杯和品茗杯中。

6 冲泡
向壶中冲水直至茶汤刚刚溢出壶口。

7 刮沫
用壶盖刮去浮沫，然后去除壶盖上的浮沫，盖好壶盖。

8 倒水
将温闻香杯和品茗杯的水用来淋紫砂壶。

9 擦拭
用茶巾擦拭紫砂壶。

10 出汤
将茶汤倒入闻香杯中。

11 扣杯
将品茗杯分别倒扣在闻香杯上，再稳重地端起。

12 翻转
拇指按住品茗杯底，中指和食指夹住闻香杯的中下部，迅速翻转。

13 提杯
将闻香杯轻轻提起。

14 闻香
双手搓动闻香杯闻香。

15 品饮
以"三龙护鼎"的方式持杯品茗。

安溪铁观音

产地
福建省安溪县

推荐品牌
八马、日春、华翔苑、中闽魏氏等

适宜人群
适合馈赠给中年男性或刚刚接触乌龙茶的茶友

[冲泡] 陶瓷盖碗，水温在85℃～90℃。

[色泽] 油润砂绿。

[香气] 浓馥持久，有馥郁的兰花香。

[滋味] 醇厚甘鲜。

铁观音又称红心观音、红样观音，独具"观音韵"，清香雅韵，尤以安溪铁观音最为著名。

安溪铁观音为历史名茶，系乌龙茶中的珍品，是中国十大名茶之一，创制于清乾隆年间，兼有红茶之甘醇和绿茶之清香的特点。以其七泡有余香、饮后满口芳香、生津甘醇、回味无穷等特点而逐渐被世人所喜爱，并享誉世界。

◆ 茶叶鉴赏

安溪铁观音干茶色泽枯暗，而且随着年份的增

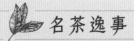

名茶逸事

关于铁观音茶树的由来，有两种传说。一说是清朝雍正末年，安溪县松林头的茶农魏饮，在上山砍柴时偶然看到岩石缝隙间长有一株特别的茶树，于是将其移栽家中。这株茶树所产的茶叶沉重似铁，香味极佳。魏饮认为这是观音所赐，因而名之为"铁观音"。另一说是清朝乾隆元年春，尧阳书生王士谅在南山观音岩见到一株茶树尤为夺目，将它移植到南轩的园圃中。五年后，王士谅前往京师，拜谒名士方望溪，并以茶相赠。方望溪又将此茶进献给乾隆皇帝。乾隆皇帝十分喜爱此茶，将其赐名为"南岩铁观音"。

加，色泽越发枯暗。闻起来带有微弱的花香，冲泡后香味更加浓郁。

安溪铁观音冲泡后茶汤金黄明亮，滋味醇厚。精品铁观音茶汤香味四溢，启盖端杯轻闻，其独特香气即芬芳扑鼻。好的铁观音，甚至可以冲泡十几次。

铁观音有"观音韵"。细啜一口，舌根轻转，可感茶汤醇厚甘鲜；缓慢下咽，韵味无穷。

● 名茶品饮

宜用紫砂壶、陶瓷盖碗冲泡，水温95℃左右，洗茶后刮去浮沫。可以高冲，第一泡为45秒左右，以后每泡增加15秒。

冲泡后，便立即能闻到一股悠香扑鼻而来，正是"未尝甘露味，先闻圣妙香"，回甘悠长，有天然馥郁的兰花香和独特的"音韵"，"七泡有余香"。

形状：肥壮圆结，沉重匀整。

汤色：金黄明亮。

叶底：软亮肥厚。

武夷大红袍

产地
福建省武夷山的慧苑坑、牛栏坑、大坑口和流香涧、悟源涧等地，称"三坑两涧"

推荐品牌
七茶斋、桃源茗等

适宜人群
适合馈赠给男性商务人士

[冲泡] 紫砂壶，水温在 100℃左右。

[色泽] 绿褐鲜润。

[香气] 馥郁持久，有兰花香味。

[滋味] 醇厚，齿颊留香，经久不退。

武夷大红袍又堪称武夷岩茶中的佼佼者，素有"茶中状元""武夷茶王"之美誉。因其早春茶芽萌发时整棵茶树艳红似火，从远处望去仿佛披着红色的袍子，故名"大红袍"。一般产地是"三十六峰""九曲溪"区域内的大红袍才有资格被称为"大红袍"。

● 茶叶鉴赏

乌黑呈龙形的单叶条索形，香气馥郁有兰花香，香高而持久，滋味醇厚，饮后齿颊生香，"岩韵"明显。正宗大红袍茶通常为八泡左右，八泡以上者更优。

名茶逸事

1972 年，美国总统尼克松访华时，毛主席把四两大红袍作为国礼送给尼克松。尼克松对泱泱大国之小气心生疑惑，百思不得其解。周总理解释道："总统先生，主席把'半壁江山'都送给您了！武夷山大红袍是中国历代皇家贡品，一年总产量只有八两，主席送您四两，正好是'半壁江山'呀！"尼克松听后会心地笑了。

● 名茶品饮

品饮大红袍，必须按工夫茶小壶小杯细品慢饮的程式，才能真正品尝到岩茶之巅的韵味，领略范仲淹诗中所说"不如仙山一啜好，泛然便欲乘风飞"的意境。

大红袍以山泉水冲泡为佳，茶具宜选用透气性好、保鲜性佳的紫砂壶或瓷质壶。先把紫砂壶内外冲洗干净，热透。茶叶用量一般8克一泡为宜，水温宜在100℃左右，冲水后大约15秒钟立即倒茶。对于岩茶而言，高冲低斟显得非常重要，冲水时让茶叶在盖碗中能翻滚起来，斟茶时低斟，避免茶香飘逸。

选购有方

优质大红袍条索紧结、壮实，匀整，带扭曲条形，叶背起蛙皮状砂粒，色泽绿润带宝光；优质大红袍香气浓郁高长持久，并带有淡淡的兰花香，无杂味；无明显苦涩、有质感、润滑、回甘显、回味足；叶底匀整、干净，无杂质。

参考价格

市面上能买到的大红袍分为商品大红袍与纯种大红袍。商品大红袍按照国家标准分为特级、一级、二级共3个等级。特级大红袍的价格一般在50~100元/50克，一级茶的价格一般在30~50元/50克；散装特级春茶一般在80~800元/50克。

储存方式

选两个材料厚实、密度高、无异味的塑料袋，先将茶装入一个袋中，挤出空气，再用第二个塑料袋反向套上，放于阴凉处。

形状：条索紧结，色泽绿褐鲜润。

汤色：橙黄，明亮清澈。

叶底：匀亮，边缘朱红或起红点，呈黄绿色，叶脉呈浅黄色。

武夷肉桂

[冲泡] 紫砂壶，水温在 100℃ 左右。

[色泽] 青褐鲜润。

[香气] 馥郁持久，有奶油、花果、桂皮般的香气。

[滋味] 醇厚甘鲜，清润爽口。

产地
福建省武夷山

推荐品牌
恒贞号、善觉等

适宜人群
适合馈赠给女性或年轻男性

武夷肉桂亦称玉桂，由于它的香气、滋味似桂皮香，因此习惯上称肉桂。武夷肉桂为历史名茶，至今已有 100 多年的历史。"蟠龙岩之玉桂……皆极名贵"中的"玉桂"即武夷肉桂。武夷肉桂是岩茶中的高香品种，颇富"岩韵"，并以其奇香异质，而成为乌龙茶中的一朵奇葩。

◆ 茶叶鉴赏

从外形上看，干茶条索紧结壮实，色泽青褐，油润泛光。冲泡后香气浓郁持久，似有乳香或蜜桃香、桂皮香，滋味醇厚鲜爽，"岩韵"明显。

名茶逸事

清末，武夷山有一位才子名叫蒋蘅，才高八斗，极善品茗。一年初夏，武夷山蟠龙岩岩主研制了一款蟠龙岩茶，香味奇特，便请蒋蘅和众位岩主前来品尝。蒋蘅接过茶盅，就闻到一股岩香扑鼻而来，轻呷一口，顿觉滋味醇厚，别有洞天，脱口便道："好茶，品质不凡。"蟠龙岩岩主答道："先生果然名不虚传，识茶如神，此款新茶还未命名，您给定个名吧。"蒋蘅略加沉吟，便道："此款茶非同凡响，应以品质香气命名，我看就叫肉桂吧！"从此，肉桂名扬天下。

● 名茶品饮

宜用紫砂壶或白瓷小盖碗冲泡，水温 100℃，冲泡 3 分钟后即可品饮。

泡后有奶油、花果、桂皮般的香气，入口醇厚回甘，咽后齿颊留香；冲泡六七次仍有肉桂香。清代蒋衡的《茶歌》曾对武夷肉桂做出了极高的评价："奇种天然真味好，木瓜微酽桂微辛，何当更续歌新谱，雨甲冰芽次第论。"指出其香极辛锐，具有强烈的刺激感。

形状：条索匀整卷曲，呈褐绿色，油润有光。

汤色：橙黄、清澈。

叶底：匀亮，呈淡绿底红镶边。

冻顶乌龙

产地
中国台湾省冻顶山茶区

推荐品牌
汉草荟、鑫记等

适宜人群
适合馈赠给上班族、年轻女性

[冲泡] 陶瓷茶具，水温在 100℃ 左右。

[色泽] 以嫩绿为优，嫩黄色为中，暗褐色为下。

[香气] 淡雅，有桂花香和焦糖香。

[滋味] 甘醇浓厚，让人回味无穷。

　　冻顶乌龙茶俗称冻顶茶，是台湾著名的半发酵包种茶，被誉为"茶中圣品"，因产于冻顶山而得名。冻顶山上的清心乌龙茶树是冻顶乌龙的主要原料，该产地年均气温为 22℃，水量丰富，植被茂盛，终年云雾笼罩，非常适合茶树生长，但由于山林陡峭，采摘不易，故产量有限，尤其珍贵。冻顶产茶历史悠久，《台湾通史》称："台湾产茶，其来已久，旧志称水沙连（今南投县埔里、日月潭、水里、竹山等地）社茶，色如松罗，能避瘴祛暑。至今五城之茶，尚售市上，而以冻顶为佳，唯所出无多。"

名茶逸事

　　相传 100 多年前，中国台湾省南投县鹿谷乡住着一位勤奋好学的青年，名叫林凤池。有一年，他听说福建要举行科举考试，想去参加，可是家境贫寒，缺少路费。乡亲们纷纷捐款相助。临行时，林凤池暗下决心，要为乡亲们争光。后来林凤池考中了举人。几年后，他在武夷山游玩时听说山上的茶可以治病养人，于是带回台湾 36 棵乌龙茶苗，并种在南投鹿谷乡的冻顶山上。经过精心培育繁殖，建成一片茶园，所采之茶清香可口，成为乌龙茶中风韵独特的佼佼者，这就是中国台湾省"冻顶乌龙"的由来。

● 茶叶鉴赏

正宗的冻顶乌龙茶条索紧结卷曲，呈半球形；色泽墨绿鲜艳，并带有青蛙皮般的灰白点。冲泡后汤色为蜜黄色，澄清明丽水底光，清香扑鼻，飘而不腻，似花香，滋味浓醇甘鲜，高山韵浓，叶底软亮，叶中部分呈淡绿色。

● 名茶品饮

冲泡冻顶乌龙宜选择纯净水，以100℃左右的沸水为佳，宜选择陶器、瓷器，玻璃器具次之。投茶前先温壶，茶叶量达到器具的1/3左右，然后注入沸水，第一泡洗茶，快冲快出，第二泡半分钟后可出汤，之后依次延长出汤时间。冲泡后滋味醇厚甘润，饮后令人回味无穷，风韵绵延。有明显的人工焙火韵味，年代久远的冻顶乌龙还有熟果香。

形状：卷曲，呈半球形，条索紧结重实。色泽墨绿或带砂绿，鲜艳油润。

汤色：明亮金黄。

叶底：淡绿、匀整，绿叶带浅红边。

闽北水仙

产地
福建省建瓯、建阳两市

推荐品牌
建瓯小桥水仙

适宜人群
适合馈赠给年轻女性茶友

[冲泡] 紫砂壶，水温在 100℃左右。
[色泽] 油润暗砂绿。
[香气] 浓郁，具有兰花清香。
[滋味] 醇厚，甘爽回味。

闽北水仙，始产于百余年前闽北建阳县水吉乡大湖村一带，是乌龙茶类的上乘佳品。现主产区为建瓯、建阳两县。闽北水仙茶的品质别具一格，叶肥而厚，嫩芽长而肥壮，十分适合制作乌龙茶，其制作的乌龙茶有"水仙茶质美而味厚""果香为诸茶冠"的称号。闽北水仙历史辉煌，在清光绪年间产销量曾达500 吨以上，并畅销于东南亚和美国旧金山。今日闽北水仙更是占闽北乌龙茶的 70%，具有举足轻重的地位，并受到国内外广大消费者的青睐。

市面上将产于建瓯市的水仙称为闽北水仙；将产于武夷山牛栏坑的称为"正岩水仙"。还有一些水仙称为"老丛水仙"。所谓老丛，是指茶树树龄长，一般在 60 年以上，有的甚至百年以上。

名茶逸事

清朝康熙年间，有个福建人发现一座寺庙旁边的大茶树，因为受到该寺庙土壁的压制而分出几条扭曲变形的树干，那人觉得树干绕曲有趣，便挖出来带回家种植，他巧妙地利用树的变形，结果培育出清香的好茶，闽南话中的"水"就是美，便名为"水仙"，令人联想到早春开放的水仙花。

◖ 茶叶鉴赏

闽北水仙的成品茶外形壮实匀整，尖端扭结，色泽砂绿油润，并呈现白色斑点，俗有"蜻蜓头，青蛙腹"之称，香气浓郁芬芳，颇似兰花，滋味醇厚，入口浓厚之余又甘爽回味，汤色红艳明亮，叶底柔软，红边明显。在半发酵的乌龙茶类中堪与铁观音匹敌的就是闽北水仙了。

◖ 名茶品饮

宜用紫砂壶冲泡，水温控制在100℃左右。浸泡时间以第一次1分钟、第二次1.5分钟、第三次3分钟较适宜，以后时间逐步加倍延长，尽量保持汤色与第三泡一致，优质武夷岩茶可以冲泡8次以上。冲泡后汤色清澈橙黄，滋味醇厚回甘，叶底厚软黄亮，叶缘有朱砂红边或红点，呈"三红七青"。

形状：条索紧结沉重，叶端扭曲。

汤色：清澈橙黄。

叶底：厚软黄亮，叶缘朱砂红边或红点。

凤凰单丛

[冲泡] 白瓷盖碗，水温在 100℃ 左右。
[色泽] 黄褐色，油润有光，并有朱砂红点。
[香气] 清香持久，有天然的兰花香。
[滋味] 浓醇鲜爽，润喉回甘。

产地
广东省潮州市潮安县凤凰镇凤凰山

推荐品牌
通天仙韵、天誉等

适宜人群
适合馈赠给老年茶友

凤凰单丛，又名"广东水仙"，属条形茶，为历史名茶，是凤凰水仙种的优异单株。因单株采收，单株制作，故称单丛；而凤凰单丛是众多优异单株的总称。凤凰茶得天独厚，吮吸山川日月之精华，形成了"形美、色翠、香郁、味甘"的独特品质。

凤凰单丛因茶叶在冲泡时散发出浓郁的天然花香而闻名天下。品质尤以凤凰山乌岽村乌岽峰上所产的居上。

◢ 茶叶鉴赏
凤凰单丛茶挺直肥硕，色泽鳝褐（或灰褐）油

名茶逸事

相传宋帝南逃时经过凤凰山，口渴难忍，侍从们从山上采下一种叶尖似鸟嘴的树叶，烹制成茶，皇帝饮后立刻感觉不渴了，由此人们广为栽种这种茶树，并称此树为"宋种"。明朝嘉靖年间的《广东通志初稿》记载："茶，潮之出桑浦者佳。"可见在当时，凤凰山一带已成为广东产茶区之一。

到了清代，凤凰茶逐渐被人们认识，并被列入全国名茶之中。

润，并略带红边。凤凰单丛以第二泡、第三泡香气为最佳，又以第五泡、第六泡口感为最好。上品有特殊山韵蜜味的滋味，爽口回甘。叶底边缘朱红，叶腹黄亮，素有"绿腹红镶边"之称。

● 名茶品饮

凤凰单丛茶多为高香型，用盖碗冲泡较好。取干茶10克左右，用100℃的沸水冲泡。如果泡工夫茶，可泡45～50道水。冲泡后清香持久，有天然的兰花香，浓醇鲜美，润喉回甘，耐冲泡。

选购有方

凤凰单丛有多个品系，市面上有黄栀香、芝兰香、玉兰香、黄枝香、杏仁香、肉桂香、蜜兰香、桂花香、通天香（姜母香）等品种，品质各有千秋，可以选购自己喜欢的香型。如果干茶闻起来香气十分浓郁，冲泡两三次后茶味全无，则为人工加香的凤凰单丛。

参考价格

一般来说，宋种凤凰单丛特级茶的价格在70元/50克左右；凤凰单丛通天香特级茶40～60元/50克；凤凰单丛黄枝香特级茶30元/50克左右。

储存方式

茶叶盛器应密闭、干净而无异味，并且放在避光、阴凉、干燥处。不能用油印报纸等直接包茶叶，也不要与香皂、樟脑丸等混放在一起，以防严重串味，使茶叶变质。

形状：肥壮圆结，沉重匀整。

汤色：金黄明亮。

叶底：软亮肥厚。

永春佛手

[冲泡] 陶瓷茶具，水温在 100℃左右。

[色泽] 棕褐有如猪肝色。

[香气] 纯正，有老茶的香气。

[滋味] 甘厚鲜醇。

产地
福建省永春县苏坑、玉斗、锦斗和桂洋等地

推荐品牌
万品春、龙峰、香依草等

适宜人群
适合馈赠给中老年茶友

永春佛手在乌龙茶中不如安溪铁观音、武夷大红袍等知名，但却以独特的香韵而自有一番风味，令人品之难忘。

永春佛手茶又名香橼种、雪梨，因其形似佛手、名贵胜金，又称"金佛手"，主产于福建永春县苏坑、玉斗、锦斗和桂洋等乡镇海拔 600 米至 900 米高山处，乃佛手品种茶树梢制成，是福建乌龙茶中风味独特的名品。

永春佛手富含单宁、粗蛋白、茶素、黄酮类物质及锌等。其中黄酮类和锌的含量在乌龙茶中是最高

名茶逸事

相传很久以前，闽南骑虎岩寺的一位和尚，天天以茶供佛。有一日，他突发奇想：佛手柑是一种清香诱人的名贵佳果，要是茶叶泡出来有"佛手柑"（香橼）的香味多好啊！于是他把茶树的枝条嫁接在佛手柑上，经过精心培植，终获成功。这位和尚高兴之余，把这种茶取名"佛手"，清康熙年间传授给永春师弟，附近茶农竞相引种得以普及。有文字记载："僧种茗芽以供佛，嗣而族人效之，群踵而植，弥谷被岗，一望皆是。"佛手茶因此而得名。

的。黄酮类可以保护血管，改善心脑血管疾病；锌对促进孩子的生长和提高人体免疫力有益。

● 茶叶鉴赏

特级永春佛手，条索壮结重实，色泽乌油润，香气浓郁悠长，滋味醇厚甘爽，汤色金黄、清澈明亮，叶底肥厚软亮、匀整、红边明显。

● 名茶品饮

用紫砂或白瓷茶具均可，山泉水最佳，水温为95℃～100℃。一般情况下，饮用前要进行"温润泡"，也就是洗茶。清饮滋味平和，用来烹煮茶饭，味鲜清纯，香甜可口。

选购有方

永春佛手以有着"佛手名茶之乡"美誉的苏坑镇所产品质为佳，并以春茶品质为最好，冬茶次之。

参考价格

永春佛手分为特级、一级、二级、三级等级别，有清香型、浓香型、韵香型三种。一般价格为60元/50克左右。

储存方式

茶叶盛器应密闭、干净而无异味，并且放在避光、阴凉、干燥处。

形状：肥壮圆结，沉重匀整。

汤色：金黄明亮。

叶底：软亮肥厚。

黄茶　淡雅鲜醇偶天成

黄茶属轻微发酵茶，起始于西汉，距今已有 2000 多年的历史，主要产于浙江、四川、安徽、湖南、广东、湖北等省。

黄茶概述

黄茶集绿茶的清香、白茶的愉悦、黑茶的厚重和红茶的香醇于一体，但说起它的出现，却是十分偶然。人们在制作炒青绿茶的时候发现，如果杀青、揉捻后干燥不足或不及时，茶的叶子会变黄，于是就有了黄茶这个品类，其最显著的特点就是"黄叶黄汤"。

主要产区： 四川雅安、湖南岳阳、安徽霍山。

品质特征： 黄汤、黄叶、鲜醇、甘爽、醇厚、香气足。

黄茶的种类

黄茶根据其鲜叶的嫩度和芽叶的大小分为以下几种：

分类	特点	品种
黄大茶	是采摘一芽二三叶甚至一芽四五叶为原料制作而成的	霍山黄大茶、广东大叶青等
黄小茶	是采摘细嫩芽叶加工而成的	北港毛尖、沩山毛尖、平阳黄汤等
黄芽茶	是采摘细嫩的单芽或一芽一叶为原料制作而成的	君山银针、蒙顶黄芽、霍山黄芽等

黄茶的制作工艺

黄茶的制作工艺大致为杀青、堆闷和干燥。

▮ 杀青

杀青前要磨光锅面，杀青过程中动作要轻巧灵活，火温要"先高后低"，大约 5 分钟后，青气消失，散发出清香即可出锅。

▮ 堆闷

通过湿热作用，使茶叶内含成分发生一定的化学变化，形成黄茶、黄汤、黄色的品质。影响堆闷的因素主要是茶叶的含水量和叶温。含水量越多，叶温越高，湿热条件下的黄变过程就越快。

▮ 干燥

黄茶的干燥过程一般分几次进行，温度也比其他茶类偏低，一般控制在 50℃~60℃。

黄茶的制作工艺与绿茶十分接近，但是专门有"堆闷"（闷黄）这个工序。堆闷后，叶子的颜色变黄，再经干燥制成黄茶，于是形成了"黄叶黄汤"的独特品质。

黄茶的冲泡

黄茶的冲泡需要经过赏茶、洁具、置茶、高冲、品茶这几个过程，冲泡出来的茶，甜醇柔和。

▌适用茶具
玻璃杯、瓷杯。

▌水温
80℃左右。

▌投茶量
茶、水比例为 1∶50。

▌黄茶的一般泡法

1 准备
将足量水注入随手泡，烧至沸腾后待水温降至85℃左右备用。将适量黄茶拨入茶荷中。

2 温杯
温烫杯具，将温烫玻璃杯的水倒入水盂中。

3 | **冲水**
冲水至杯的三分满。

4 | **投茶**
用茶匙将茶拨入玻璃
杯中。

5 | **醒茶**
旋转杯子唤醒茶叶。

6 | **冲泡**
悬壶高冲至杯的七
分满。

7 | **赏茶**
欣赏茶叶从水的顶部
慢慢沉下去，在水中
伸展，俗称"茶舞"。

君山银针

产地
湖南省岳阳洞庭湖中的
君山

推荐品牌
黄金砖、黄金饼、好百
客、艺福堂等

适宜人群
适合馈赠给较为熟悉茶
叶的中年男

[冲泡] 玻璃杯，水温在 80℃ 左右。

[色泽] 黄绿。

[香气] 高爽清鲜，似嫩玉米香。

[滋味] 甘爽醇和。

君山银针因外形好似细针而得名，是我国十大名茶之一，并且是历史名茶，始于唐代，当时被称为"黄翎毛"。清朝时被列为贡茶。它不仅是茶中佳品，也是一种外观优美的茶类艺术品，冲泡时极为美观。

《湖南省新通志》记载："君山茶色味似龙井，叶微宽而绿过之。"古人形容君山茶如"白银盘里一青螺"。据说文成公主出嫁时就曾携带君山银针茶进入西藏。

君山银针的采摘和制作都十分严格，一般只在清明前后的 7~10 天内采摘。一般 500 克君山银针需要 10 万多个茶芽制成。

名茶逸事

据说，后唐皇帝明宗李嗣源第一回上朝的时候，侍臣为他捧杯沏茶，开水向杯里一倒，马上看到一团白雾腾空而起，慢慢地出现了一只白鹤。这只白鹤对明宗点了三下头，便翩翩飞去了。再往杯子里看，杯中的茶叶都齐整整地悬空竖立，过了一会儿又慢慢下沉，如有灵气。明宗十分好奇，就向侍臣询问原因。侍臣说："这是君山的白鹤泉（即柳毅井）水，泡黄翎毛（即银针茶）而形成的。"明宗听后，立即下旨把君山银针定为"贡茶"。

◗ 茶叶鉴赏

君山银针全由芽头制成，茶芽像一根根针，芽头茁壮、长短均匀，茶身满布毫毛，内呈橙黄色，外裹一层白毫，雅称"金镶玉"。

◗ 名茶品饮

用80℃左右的沸水冲泡，茶、水比例为1∶50，最好用玻璃茶具。冲泡5~8分钟后即可品饮。冲泡后，汤色橙黄清澈，滋味甘醇，叶底明亮，人称"琼浆玉液"。茶叶在杯中根根直竖，踊跃上冲，悬浮于水面，继而徐徐下沉，竖立于杯底，再升再沉，可达三次，最后沉立于杯底，如刀枪林立，堪称茶中奇观，入口则清香沁人、齿颊留芳。

形状：芽头茁壮，大小均匀，白毫如羽，芽身金黄发亮，着淡黄色茸毫。

汤色：橙黄明亮。

叶底：肥厚嫩亮、黄绿匀齐。

蒙顶黄芽

[冲泡] 玻璃杯，水温在 80℃左右。
[色泽] 黄润，金毫显露。
[香气] 甜香浓郁。
[滋味] 甘醇鲜爽，齿颊留香，回味无穷。

产地
四川省雅安市名山区
蒙顶山山区

推荐品牌
蒙顶山茶

适宜人群
适合馈赠给较为熟悉茶叶的中年男性

蒙顶黄芽为黄茶之极品。采摘于春分时节，选采肥壮的芽和一芽一叶初展的芽头。其茶叶细而长，味甘而清，色黄而碧，酌杯中香云蒙覆其上，凝结不散，以其异，谓曰仙茶。蒙顶黄芽自唐开始，直至明清皆为贡品。有诗云："蒙茸香叶如轻罗，自唐进贡入天府。"

蒙顶黄芽产于四川蒙山，蒙山终年蒙蒙的烟雨、茫茫的云雾及肥沃的土壤，这些优越的环境，为蒙顶黄芽的生长创造了极为适宜的条件。

蒙顶黄芽采摘于春分时节，当茶树上有10%左右的芽头鳞片展开时，即可开园。选采肥壮的芽和一

名茶逸事

相传，青衣江有条仙鱼，经过千年修炼，成了一个美丽的仙女。仙女在蒙山拾到几颗茶籽，正巧碰见一个采花的青年，两人一见钟情。仙女将茶籽赠给青年，相约在来年茶籽发芽时二人成亲。仙女走后，青年就将茶籽种在蒙山顶上。第二年春天，茶籽发芽了，两人如约成亲。他们相亲相爱，共同劳作，培育茶苗。但好景不长，仙女私自与凡人婚配的事，被河神发现了。仙女只得忍痛离去。临走前，仙女嘱咐家人要培植好满山茶树，用茶树作为她对爱情的依托。

芽一叶初展的芽头，芽头要肥壮匀齐，每500克蒙顶黄芽需要鲜芽0.8万~1万个。

◗ 茶叶鉴赏

外形扁直，芽叶细嫩，芽条匀整、显毫，香味鲜醇，色泽嫩黄。冲泡后，叶底全芽嫩黄，汤色嫩黄，汤面没有或很少夹混绿色环。

上等蒙顶黄芽汤色黄亮中带浅绿，滋味鲜醇甘甜，即使是干茶咀嚼起来也有淡淡的甜味，而不仅仅是苦涩味。

◗ 名茶品饮

冲泡蒙顶黄芽可以选择透明的玻璃器皿，泡茶用水最好用山泉水，水温宜在75℃~85℃，茶、水比例为1:50，投茶方式建议采用"上投法"，冲泡3分钟左右即可品饮。冲泡后，汤色嫩黄明亮，滋味甜香浓郁、香醇回甘。

选购有方

一般情况下，芽头多、锋苗多、叶质细嫩、白毫多的蒙顶黄芽为上品，多梗、多叶柄、叶质老、身骨轻者为次品。

参考价格

一般价格为80元/50克左右。

储存方式

宜放在阴凉、通风、避光处保存。

形状：肥壮圆结，沉重匀整。

汤色：金黄明亮。

叶底：软亮肥厚。

霍山黄芽

[冲泡] 玻璃杯、瓷杯，水温在 85℃ 左右。
[色泽] 润绿泛黄，细嫩多毫。
[香气] 清香持久，有熟板栗的香味。
[滋味] 浓厚醇和，回味甘甜。

产地
安徽省霍山县

推荐品牌
徽将军牌、一品双尖牌、抱儿钟秀牌等

适宜人群
适合馈赠给较为熟悉茶叶的中年男性

霍山黄芽始于唐，兴于明清。在古时被誉为"仙芽"，现在又称"芽茶"。霍山黄芽虽然一直是中国十大名茶之一，但传统的霍山黄芽技艺早已失传，现在品饮到的霍山黄芽是于 1971 年重新创制的，并延续至今。

霍山黄芽富含氨基酸、茶多酚、维生素、脂肪酸、维生素 C、类黄酮等，能促进人体脂肪代谢和防止脂肪沉积于体内，收到很好的瘦身效果；霍山黄芽富含浓缩茶多酚，能抑制自由基对皮肤纤维的破坏，

名茶逸事

早在司马迁《史记》中就有记述："寿春之山（霍山曾隶属寿州，故称寿春之山）有黄芽焉，可煮而饮，久服得仙。"唐代李肇《唐国史补》把寿州霍山黄芽列为十四品目贡品名茶之一。并赞其："风俗贵茶，茶之名品益众……寿州有霍山之黄芽……"明代的《群芳谱》也称："寿州霍山黄芽之佳品也。"目前，霍山黄芽是全国名茶之一，"金叶黄芽"与黄山、黄梅戏并称为"安徽三黄"。

达到抗辐射的效果，维持皮肤的白皙和活力。长期饮用霍山黄芽，能增强免疫力，让身体越来越健康。

● 茶叶鉴赏

霍山黄芽干茶条直微展，形似雀舌，多毫，色泽绿润泛黄，香气馥郁；其含水量较低，用手捻可成粉面状。冲泡后内质香气清高，有熟板栗香，汤色黄绿明亮，滋味醇厚回甜，耐冲泡。

● 名茶品饮

宜用紫砂壶或白瓷小盖碗冲泡，水温100℃，第一泡浸泡3分钟即可品饮。茶入口下咽后，喉底舌根处会生出丝丝甜味。汤色黄绿清亮，略带黄圈。叶底黄亮、嫩匀厚实。

选购有方

霍山黄芽的水分含量低于一般名优茶，其含水量仅在5%左右，用手捻可成粉状，仿品则没有这么干燥。

因产地和气候不同，霍山黄芽的香气也不尽相同。目前霍山黄芽的香型大概有3种，即清香、花香和熟板栗香。

参考价格

霍山黄芽特级茶的价格为25~40元/50克。

储存方式

霍山黄芽最好密封放在不透明的锡罐、铁罐内并置于冰箱冷藏柜内保存，以保持茶叶的原色和原味。冬季或凉爽的天气，可以放在室内阴凉干燥处保存。

不要把霍山黄芽和其他茶叶混装，也要远离香皂、汽油、樟脑丸等散发气味的物品，以免黄芽吸附异味。

形状：外形条直微展、匀齐成朵，形似雀舌，色泽嫩绿，满身披毫。

汤色：黄绿清澈，略带黄圈。

叶底：嫩黄明亮。

白茶　清清白白鲜爽甘

白茶因其叶色、汤色均如银似雪而得名，是中国茶类中的特殊珍品。

白茶概述

白茶鲜叶要求嫩芽及两片嫩叶均有白毫显露，成茶则满披毫毛，色白如银，有着"绿妆素裹"之美感。白茶属轻微发酵茶，发酵度为10%，其制作的关键步骤在于萎凋和干燥这两道工序，既保持了白茶特有的毫香显现、汤味鲜爽的特点，又保留了很多对人体有益的天然维生素。

主要产区：福建的福鼎、政和、松溪和建阳等县。

品质特征：汤色杏黄，毫香显现，鲜爽，醇厚回甘。

白茶为何营养丰富

白茶的制作工艺很特别，也是最自然的做法。人们采摘来细嫩、叶背多白茸毛的芽叶后，不炒不揉，既不像绿茶那样阻止茶多酚氧化，也不像红茶那样促进它的氧化，而是将其置于微弱的阳光下或通风较好的室内自然晾晒，这使得白茸毛能完整地保留下来。当晒至七八成干时，再用文火慢慢烘干。由于制作过程简单，以最少的工序进行加工，因此，白茶最大限度地保留了茶叶中的营养成分。

白茶的种类

根据茶树品种、原料（鲜叶）采摘的标准不同，白茶分为芽茶和叶茶两种。

分类	特点	品种
芽茶	是完全用大白茶肥壮的芽头制作而成的	白毫银针
叶茶	是用一芽二三叶或单片叶制作而成的	白牡丹、贡眉、寿眉等

白茶的制作工艺

白茶的制作工艺大致分为萎凋、干燥和装箱。

♦ 萎凋

根据气候的不同，分室内萎凋和室外萎凋两种方法。在阴雨和下雪的天气，可采用室内萎凋的方法；在春秋季节的晴天，可采取室外萎凋的方法。

♦ 干燥

白茶没有炒青或揉捻的过程，只是根据不同的种类，经过简单的烘焙或干燥即可。烘焙的火候要掌握得当，过高香味欠鲜爽，不足则会香味平淡。经过烘焙的白茶称为"毛茶"。

♦ 装箱

在装箱之前，要将经八九成烘干过的毛茶，再经过第二次烘焙，以去掉多余的水分，将茶形固定下来，便于保存，同时还可以借着热的作用，合成茶叶色香味的品质。

白茶的冲泡

白茶制作时不经过揉捻工序，泡茶时，内含物质不能马上释出，所以要等待 3~5 分钟，待汤色发黄时才能品饮。

◗ 适用茶具
玻璃杯、玻璃壶，瓷杯、瓷壶。

◗ 水温
冲泡白茶水温不宜太高，一般 80℃~85℃为宜。

◗ 投茶量
茶与水的比例为 1∶50。

◗ 白茶的一般泡法

1 **备具**
准备茶具，同时将水烧沸，凉至80℃备用。

2 **取茶**
将适量的白茶放入茶荷中。

3 | **温具**
向玻璃盖碗中倒入少量热水，温烫杯身和杯盖。

4 | **投茶**
将干茶拨入盖碗中。

5 | **润茶**
向盖碗中注入少量热水，轻轻转动盖碗，浸润茶叶。

6 | **冲泡**
将水冲至七分满，盖上杯盖。

7 | **品饮**
待3~5分钟白茶泡好后即可饮用。

白毫银针

[冲泡] 玻璃杯，水温 80℃~85℃。
[色泽] 洁白如银。
[香气] 毫香明显。
[滋味] 醇厚爽口。

产地
福建省闽东各县

推荐品牌
绿雪芽、品品香等

适宜人群
风热感冒、麻疹患者可多饮

　　白毫银针简称"银针"，又名白毫，为历史名茶。在众多茶叶中，它是外形较优美者之一，宛如银装素裹，熠熠闪光，素有茶中"美女""茶王"之美称。鲜叶原料全部是茶芽，制成成品茶后，形状似针、白毫密披、色白如银，故名白毫银针。

　　白毫银针加工工艺自然而特异，不炒不揉，直接萎凋或干燥而成，是最原始、最自然、最健康的茶叶。但因其有较高的药用价值，能清热解毒，故又有"功若犀角"之美誉。

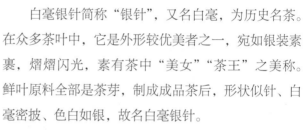

名茶逸事

　　很早以前，政和县一带久旱不雨，瘟疫四起。传说在洞宫山上的一口龙井旁有几株仙草，草汁能治百病，但是人上山采摘时绝不能回头，否则就会变为石头。一户人家的兄妹三人中的老大和老二都有去无回。最后轮到小妹了。她历尽艰辛终于爬上山顶来到龙井旁，采下仙草上的芽叶，并用井水浇灌仙草，仙草开花结籽，小妹采下种子，立即下山。回乡后她将种子种满山坡，于是乡亲们得救了。这便是白毫银针名茶的来历。

◆ 茶叶鉴赏

芽头肥壮、挺直、匀整，白毫明显，色泽银灰，熠熠闪光；新茶滋味甘爽、微苦涩，叶底黄绿匀齐；陈茶干茶颜色深，味微甜，叶底稍显红褐色。

◆ 名茶品饮

冲泡白毫银针可以选用透明的玻璃杯，水温95℃～100℃，待冲泡5分钟后即可闻香品茶。白毫银针的形、色、质、趣是名茶中绝无仅有的，品尝泡饮，别有风味。冲泡后茶芽仍直挺，立于水中，上下交错，亭亭玉立，世人称其为"正直之心"。等茶汤泛黄后即可取饮，茶汤晶莹剔透，香味怡人，鲜醇爽口。

形状：茶条芽头肥壮，茶芽茸毛色白似银，熠熠有光泽。

汤色：较浅，呈杏黄色或淡黄色，晶莹透彻。

叶底：新茶黄绿匀齐，陈茶稍显红褐色。

白牡丹

[冲泡] 玻璃杯，水温在 85℃ 左右。
[色泽] 深灰绿。
[香气] 清鲜。
[滋味] 爽口清甜，鲜醇甘和。

产地
福建省政和、建阳、松溪、福鼎等县

推荐品牌
天毫牌、郑传源牌、品品香牌等

适宜人群
适合馈赠给女性茶友或易上火的茶友

白牡丹是中国福建历史名茶，是采自大白茶树或水仙种的短小芽叶新梢的一芽一二叶制成的，是白茶中的上乘佳品。因其绿叶夹银白色毫心，形似花朵，冲泡后绿叶托着嫩芽，宛如蓓蕾初放，故得美名。白牡丹茶性清凉，有退热降火的功效，是解暑佳品，也是东南亚国家和地区夏天的主要饮料，被赞为"白茶之王"。

用于制作白牡丹茶的原料要求白毫显、芽叶肥嫩。传统采摘大白茶品种的一芽二叶，并要求"三

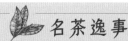 名茶逸事

传说西汉时有位叫毛义的太守，因看不惯贪官当道，于是弃官随母去深山归隐。母子俩来到一座青山前，看见莲花池畔的 18 棵白牡丹，香味扑鼻，便留了下来。一天，母亲病倒了。毛义梦见白发银须的仙翁告诉他给母亲治病须用鲤鱼配新茶。这时正值寒冬季节，毛义到池塘里刨开冰层捉到鲤鱼，但苦于没有新茶。这时，那 18 棵牡丹竟变成了 18 棵仙茶树，树上长满嫩绿的新芽叶。毛义立即采下晒干，用新茶煮鲤鱼给母亲吃，母亲果然痊愈。为了纪念毛义弃官种茶、造福百姓的功绩，人们建起白牡丹庙，把这一带产的名茶叫作"白牡丹茶"。

白"，即芽及第一、第二叶带有白色茸毛。只有按要求严格采摘的原料，才能制成身披白茸毛的中国名茶。

● 茶叶鉴赏

叶态自然，色泽深灰绿色或暗青苔色，绿叶夹银白毫心，毫心肥壮，叶张肥嫩，呈波纹状隆起，叶背遍布洁白茸毛，叶缘向叶背微卷，芽叶连枝，叶面颜色浅翠。冲泡后叶脉微红，汤味鲜醇。冲泡后内质香气清鲜纯正，毫香明显。

● 名茶品饮

可壶泡也可杯泡，以90℃左右的沸水为宜，冲泡5~10分钟即可品饮。冲泡后，随着热气飘出杯盏，一股清新的香气扑鼻而来，汤色晶莹剔透，滋味顺滑甘醇。

特级白牡丹汤色黄绿明亮，一级白牡丹汤色微红明亮；特级白牡丹鲜嫩纯爽、毫香显，一级白牡丹鲜嫩纯爽、有毫香；特级白牡丹醇爽清甜、毫味足，一级白牡丹尚清甜醇爽、带有毫味；特级白牡丹毫心肥壮、叶张柔软，一级白牡丹毫心尚多、叶张柔软。

参考价格

白牡丹特级茶的价格一般在30~45元/50克；一级茶的价格在12元/50克左右。

储存方式

宜放在阴凉、通风、避光处保存。

形状：毫心肥壮，叶张肥嫩，呈波纹状隆起，叶缘向叶背卷曲，芽叶连枝，叶面颜色浅翠，叶背满披白色茸毛。

汤色：呈杏黄色或橙黄色，清澈明亮。

叶底：浅灰，叶脉微红，肥嫩成朵。

贡眉

[冲泡] 玻璃杯，水温在 85℃左右。

[色泽] 翠绿。

[香气] 鲜醇。

[滋味] 醇爽。

产地
福建省福鼎市、政和市等地

推荐品牌
七宝茶叶、天福茗茶、白韵、六妙等

适宜人群
适合馈赠给资深茶友或男性茶友

贡眉又称"寿眉"，是白茶中产量最高的一个品种。以菜茶茶树的芽叶制成。这种以菜茶芽叶制成的毛茶称"小白"，以区别福鼎大白茶、政和大白茶茶树芽叶制成的"大白"毛茶。通常"贡眉"是表示上品的，其质量优于寿眉，但近年来一般只称贡眉，而不再有寿眉。

贡眉是历史名茶，过去主要销往我国港澳地区，现今销往德国、日本、新加坡、马来西亚等国家，在我国于 1984 年举办的全国名茶品质鉴评会上被授予"中国名茶"称号。

名茶逸事

政和最早发现白茶树母树的传说，是在咸丰年间。当时铁山村有一位风水先生，走遍山中勘探风水宝地。有一天，他在黄畲山发现一丛奇树，摘数叶回家尝试，味道和茶叶相同，就压条繁殖。人们争相传植，大白茶由此繁盛起来。

清光绪五年（1879 年）又出现白茶树的另外一种说法。铁山村农民魏春生院中有一棵野生的树，起初没有引起注意。后来，墙塌压倒这棵树，于是形成自然压条繁殖，衍生新树数株，很像茶树，遂移植到铁山高仑山头。铁山茶园种植的贡眉白茶至今仍然品质特优。

● 茶叶鉴赏

贡眉的名字中有一"眉"字，但并不是像南山寿眉一样因为外形如眉。贡眉成茶干茶显得杂乱，新茶颜色嫩绿，叶片略薄。

优质贡眉色泽灰绿或翠绿，茸毫色白且多；芽叶连枝，匀整，破张少，两边缘略带垂卷形，叶面上有明显的波纹，嗅之没有浓厚的"青气"，而是有一种令人欣喜的清香气味。

● 名茶品饮

贡眉叶底柔软、匀整、鲜亮，叶张主脉迎光透视呈红色，汤色深黄或橙黄，香气清鲜，滋味醇爽。宜用白瓷盖碗冲泡，水温80℃～85℃，闷泡5～10分钟即可品饮。

形状：茶毫心明显，茸毫色白且多。

汤色：橙色或深黄色。

叶底：匀整、柔软、鲜亮，叶片迎光看去，可透视出主脉的红色。

花茶 满溢花香窨中来

花茶的制作利用了茶叶容易吸收异味的特点，把茶叶和花一起焖制，制作出来的茶叶香味浓郁、茶汤色深，非常受人们的欢迎。其中，茉莉花茶最有名。

花茶概述

花茶又名香片，是集茶味与花香于一体的茶中珍品，茶引花香，花增茶味，相得益彰。花茶属再加工茶，是利用茶善于吸收异味的特性和鲜花吐香的特性，将茶叶和鲜花一起焖制，待茶将香味吸收后再把干花筛除。花茶香气浓烈，甘芳满口，令人心旷神怡、神清气爽，同时有保健滋养的作用。

主要产区：产于四川、云南、湖北、湖南。

品质特征：香味浓郁，茶汤色深。

花茶就不是好茶吗

单纯地认为花茶就不是好茶是不正确的，甚至有的人看见别人喝花茶就认为其没什么品位，有失偏颇。茶叶作为一种食材是为人体生理需求服务的。北京人爱喝茉莉花茶主要是因为北京的气候比较凝滞，空气流动不是特别快，尤其是夏季容易产生让人情绪低落的天气，而茉莉花茶能更好地散闷除郁。所以北京人喜欢茉莉花茶和天气水土是有很大关系的，所谓"一方水土养一方人"。很多历史上有名的花茶，如荷花香片、珠兰花茶、玫瑰红茶，工艺都很讲究，价格也不低。当然现在比较多的是茉莉花茶，好的茉莉花茶甚至要反复窨制7次。

花茶的种类

花茶根据制作工艺不同分为以下几种：

分类	特点	品种
窨制花茶	是以红茶、绿茶或乌龙茶作为茶坯，配以能够吐香的鲜花作为原料，采用窨制工艺制作而成的茶叶	绿茶类花茶 红茶类花茶 青茶类花茶
造型花茶（工艺花茶）	用茶叶和干花手工捆制造型后干燥制成的造型花茶，其最大的特点就是在水中可以绽放出美丽的花形，摇曳生姿，灵动姣美，极具观赏性	有茉莉雪莲、富贵并蒂莲、丹桂飘香等30多个品种
花草茶	直接用干花泡饮的花茶。其实这类花茶不是茶，而是花草，但我国习惯把用开水冲泡的植物称为茶，所以就称其为花草茶	菊花、玫瑰、女儿环、金五星等

花茶的制作工艺

花茶属于再加工茶，主要以绿茶、红茶或乌龙茶为茶坯，以鲜花为原料，采用窨制工艺制作而成。其最突出的特点是融花香和茶香于一体，茶引花香，花增茶味，相得益彰。

♦ 茶坯吸香

将当日采摘的鲜花经过摊、堆、筛、凉等维护和助开过程，使花朵开放匀齐，再与茶坯按一定配比拌和均匀，堆积静置，让茶坯尽量吸收鲜花持续吐放的香气。

♦ 窨花

将鲜花分层铺在茶坯上，拌和均匀进行窨制。花茶的窨制有一窨、三窨、五窨或七窨之说，就是用一批茶叶（如绿茶）做原料，鲜花却要1~7批，才能让茶叶充分吸收鲜花的香味。

♦ 烘干

茶坯在窨制过程中既吸收了香气又吸收了水分，起花后须快速复火干燥，烘去多余水分，稳定茶形和茶品。可以用铁锅烘干，也可以用机械、烘笼等进行烘干。

花茶的冲泡

花茶的冲泡有选具、备水、冲泡这三个步骤。

♦ 适用茶具

透明精致的玻璃壶和玻璃杯。

♦ 水温

视茶坯而定，如果茶坯为绿茶，水温应在80℃左右；如果茶坯为乌龙茶，则须用100℃的沸水。

♦ 投茶量

茶与水的比例为1∶50。

● 花茶的一般泡法

1 备具
准备盖碗、茶荷、茶叶罐、水盂、茶道六用、随手泡。

2 温具
向盖碗中注少量热水，温杯润盏，然后将水倒入水盂内。

3 投茶
从茶叶罐中取茶，将其放入盖碗中。

4 冲水
冲水至七分满，盖好碗盖。

5 敬茶
双手持杯托，将茶敬给客人。

6 闻香
一手持杯托，一手将碗盖放于鼻尖前闻香。

7 刮沫
品饮前，用碗盖轻轻刮汤面，拂去茶沫。

8 品饮
品饮时，让碗盖后沿翘起，从缝隙中闻香、品茶。

近年来，花草茶备受女性青睐，自古就有"女人饮花""花养女人"的说法。花草茶最初从欧洲传过来，它并不是用茶属植物冲泡，而是用植物的花朵或根、茎、叶等部分加水煎煮或冲泡而得的饮料。

花草茶是一种天然饮品，含有丰富的维生素，不含咖啡因，有十分突出的美容护肤功效，还有减肥纤体、保护心血管、排毒、增强免疫力、防感冒、舒缓压力、缓解疲劳、改善睡眠质量等效果。不仅如此，饮用花草茶还可怡情养性，让人享受一种优雅浪漫的休闲情调。

常见花草茶

玫瑰花

【功效】行气活血、平衡内分泌、补血气、美颜护肤。

菊花

【功效】去毒散火，缓解眼睛疲劳、头痛、高血压等。

月季花

【功效】活血调经、消肿止痛。

似茶非茶、似花非花的花草茶

桃花

【功效】疏通经络、滋润皮肤、泻下通便、排毒减肥。

桂花

【功效】舒缓紧张情绪、提神。

茉莉花

【功效】理气止痛、温中和胃、消肿解毒。

金盏菊

【功效】消炎抗菌、促进新陈代谢、修复肌肤、排毒。

千日红

【功效】清肝明目、消肿散结、止咳平喘。

美丽的造型花茶

造型花茶与窨制花茶有很大的不同，它是将花与茶有效地结合在一起的艺术，用干花和茶叶经特殊工艺制成，具有各种造型，泡开后极具美感和观赏性，并且口感馨香，对人体有一定的保健作用。

常见造型花茶欣赏

| 蝶恋花 | 丹顶红 | 茉莉仙女 |

造型花茶汤色清澈淡绿，清香四溢，正如人们所形容的一样，"让鲜花在茶叶中绽放"。目前，常见的造型花茶品种有茉莉雪莲、丹桂飘香、富贵花开、花之语、茉莉玲珑、仙桃献瑞、七子献寿等。

千日红　　　　　　　百合仙女　　　　　　东方美人

茉莉花茶

产地
福建省、广西壮族自治区、四川省、云南省等地

推荐品牌
张一元、吴裕泰等

适宜人群
适合馈赠给女性茶友、老年茶友

[冲泡] 玻璃杯，水温在 90℃左右。

[色泽] 黑褐油润。

[香气] 鲜爽持久、浓而不冲。

[滋味] 醇厚鲜爽、口感柔和、不苦不涩、没有异味。

　　茉莉花茶又叫"茉莉香片"，是花茶中的珍品。国外流行的那句"在中国的花茶里，可闻到春天的气味"赞誉的就是茉莉花茶。茉莉花茶是花茶中产量最大、市场销路最广的一种茶。

　　宋代诗人姜夔在《茉莉》中称赞道："他年我若修花使，列作人间第一香。"因为茉莉花茶多以绿茶为茶坯制成，因此也有人把它归为绿茶一类，个别也有用红茶或乌龙茶做茶坯的。茉莉花茶有"去寒邪、助理郁"的功效，是春季饮茶之上品。

名茶逸事

　　很久以前，北京有一位名叫陈古秋的茶商在和品茶大师探讨茶道时，拿出别人送给他的一包茶叶请大师品尝。茶泡好后，碗盖一掀开，清香四溢，在氤氲的热气中仿佛看见一位美丽的少女双手捧着茉莉花，很快又化成一团热气。大师说："这茶是'恩茶'。"陈古秋苦思良久才想起来一件事。三年前，他去南方购茶时遇见一位可怜的少女，她哭诉无钱安葬已逝的父亲，陈古秋便给了她一些钱。这茶包便是那少女后来托人送来的。次年，陈古秋将茉莉花加到茶中，由此便产生了茉莉花茶。

茉莉花茶性温，可以将冬季积郁于人体内的寒气散发出去，促进阳气生发。香气浓烈的茉莉花茶还能令人精神振奋，消除春困，舒肝明目。此外，茉莉花本身还具有抗菌效果。

● 茶叶鉴赏

茉莉花茶条索紧细匀整、长而饱满、白毫多，色泽黑褐油润，香气鲜爽持久、浓而不冲，滋味醇厚鲜爽、口感柔和、不苦不涩、没有异味，汤色黄绿明亮，叶底嫩匀柔软。

● 名茶品饮

宜用 90℃左右的沸水冲泡，最好用盖碗冲泡，也可用瓷壶或瓷杯，泡后可闻香。茉莉花茶冲泡后气味香浓、馥郁宜人，既有天然的茶味，又有茉莉花的淡淡清香；汤色黄绿明亮；滋味醇厚鲜爽、口感柔和。

选购有方

上等的茉莉花茶以嫩芽为主，条形饱满、无叶，而低档茉莉花茶则以叶为主；在口感上，高档茉莉花茶不苦不涩，没有异味。

参考价格

茉莉花茶的价格一般为 100 元 / 50 克左右。

储存方式

阴凉、常温、避光，可使用带密封口的塑料袋、铁罐和锡罐等保存。

形状：条索紧细匀整、长而饱满、白毫多。

汤色：黄绿明亮。

叶底：嫩匀柔软。

柚子花茶

[冲泡] 白瓷盖碗，水温在 100℃ 左右。
[色泽] 深绿。
[香气] 醇厚。
[滋味] 鲜浓醇厚。

柚子花茶是由优质绿茶加柚子鲜花反复窨制而成的。该茶耐冲泡，香高持久，以至茶汤放置半天至一天后，香味始终清郁悠长，口感醇润，饮后生津，回香甘滑，以其高品质赢得了声誉。

柚子花茶具有理气、舒肝、和胃化痰、清心润肺、清肝明目、镇痛等功效，尤其有利于脑力工作者的精神放松。

产地
福建省福州市、浙江省金华市等地

推荐品牌
福海堂等

适宜人群
适合馈赠给女性茶友

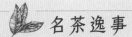

名茶逸事

早在清朝乾隆年间柚子花茶就已成为贡品，周总理曾经把它作为赠品送给英国女王、苏联领导人等。

● 茶叶鉴赏

干茶条索卷曲、交互缠绕，偶见花瓣，芽头肥壮多白毫，色泽深绿，涩香浓，汤色黄绿明亮，香气醇厚，滋味鲜浓醇厚，叶底匀齐明亮。

● 名茶品饮

适合用白瓷盖碗冲泡，水温在100℃左右。冲泡后汤色黄绿、通透明亮，芽叶在杯中起舞，倾吐芬芳，啜一口，香盈满口，余香袅袅。

选购有方

干茶条索整齐、无碎末为好；冲泡后不会有香气附着在舌面的感觉，否则为香精茶。

参考价格

一般价格为50元/50克左右。

储存方式

阴凉、常温、避光保存。此外，密封非常重要，因为花茶的香气容易和其他味道混合。

形状：芽头肥壮多白毫。

汤色：绿黄明亮。

叶底：匀齐明亮。

主编简介

陈书谦，四川汉源人，1953 年生。高级评茶师，现任四川省茶叶流通协会秘书长，蒙顶山茶产业技术研究院副院长，兼任中国茶叶流通协会名茶专委会副主任，中国国际茶文化研究会常务理事，吴觉农茶学思想研究会理事，雅安市茶叶学会常务副理事长，雅安市茶业协会副会长等职。

先后参与申办、承办第八届国际茶文化"一会一节"；发起首届川藏茶马古道论坛，出版《首届川藏茶马古道论坛论文集》；应聘中央民族大学《边销茶》项目外聘专家；承办"中国国际茶文化研究会学术委员会一届二次会议暨南路边茶（藏茶）传承与发展高峰论坛"，主编《雅安藏茶的传承与发展》；牵头负责申报《南路边茶制作技艺》"非遗"项目，被批准列入国家级非物质文化遗产；牵头承办第六届全国茶学青年科学家论坛，编辑出版《说茶论道蒙顶山——全国茶学青年科学家论坛论文集》；主编《中国茶·茶具·茶艺》《鉴茶·泡茶·赏茶》《中国茶道·从入门到精通》《新手轻松学茶艺》；参与编著《中国茶叶年鉴》《制茶工》全国职业技能培训系列教材，合著《蒙山茶文化说史话典》《蒙顶山茶品鉴》等茶文化丛书，受到普遍好评。

鸣 谢

特别感谢以下协助拍摄的机构与个人：

场地支持

北京张一元茶叶有限责任公司

茶书网（www.culturetea.com）

茶艺师

苏雪　　郭璐

摄影

艾度风行

北京浩瀚世视摄影有限公司